Dilip Kumar Bhadra

Mudança das perspectivas asiáticas e novas exigências de viagem para o turismo global

Dilip Kumar Bhadra

Mudança das perspectivas asiáticas e novas exigências de viagem para o turismo global

ScienciaScripts

Imprint

Cover image: www.ingimage.com

This book is a translation from the original published under ISBN 978-620-2-19983-4.

Publisher:
Sciencia Scripts
is a trademark of
Dodo Books Indian Ocean Ltd. and OmniScriptum S.R.L publishing group

120 High Road, East Finchley, London, N2 9ED, United Kingdom
Str. Armeneasca 28/1, office 1, Chisinau MD-2012, Republic of Moldova, Europe
Printed at: see last page
ISBN: 978-620-8-06968-1

ÍNDICE

RECONHECIMENTO 2
Capítulo - 1 VISÃO GERAL 3
Capítulo - 2 QUESTÕES SIGNIFICATIVAS 6
Capítulo - 3 POPULAÇÃO ASIÁTICA, CRESCIMENTO ECONÓMICO E TURISMO 9
Capítulo - 4 CARACTERÍSTICAS CULTURAIS BÁSICAS DA ÁSIA E A MUDANÇA DAS NORMAS 14
Capítulo - 5 NACIONALISMO E PERCEPÇÃO DE VIAGEM 27
Capítulo - 6 MODO DE VIAGEM DE SAÍDA DA ÁSIA E FACTORES DE COMERCIALIZAÇÃO 32
Capítulo - 7 IMPACTOS DA COMUNICAÇÃO E DA TECNOLOGIA NO TURISMO 34
Capítulo - 8 OBSERVAÇÕES FINAIS 36
Apêndices 38
Anexo 1 49
Anexo 2 51
Anexure-3 52
Anexo 4 54
Anexo-5 56

RECONHECIMENTO

Parece-me deliberadamente que é meu dever urgente partilhar com os outros uma experiência avassaladora de que a Lambert Academic Publishing (LAP) está a desempenhar uma responsabilidade extraordinária na publicação de livros de talentos que procuram em todo o mundo cobrir quase todas as secções do conhecimento. No início da minha oferta, não dei qualquer importância ao e-mail que recebi da Sra. Lúcia Jardan, editora da LAP, pensando que se tratava apenas de uma armadilha de correio eletrónico não solicitado. Antes de o atirar para a reciclagem, abri o e-mail e verifiquei os documentos das actividades do LAP. Fiquei muito surpreendido com a realidade, com os esforços louváveis empreendidos pelo LAP e com o seu papel de caça aos talentos e de os colocar perante o mundo para alargar o conhecimento aos povos. Na verdade, não tenho palavras para exprimir a minha gratidão à autoridade do LAP e às pessoas que estão envolvidas e trabalham com o LAP. O meu profundo sentimento de gratidão é extensivo a todos eles pelos seus esforços invulgares. A minha gratidão especial e os meus sinceros agradecimentos ao editor da LAP por me ter convidado a partilhar a minha criação com eles.

Gostaria de agradecer sinceramente a todos os inquiridos que nos deram paciência e contribuíram para a elaboração deste valioso documento, fornecendo informações através dos questionários no Aeroporto Internacional Hazrat Shajalal, em Daca, apesar do seu horário mais ocupado. Devo aos enumeradores e aos meus filhos que me ajudaram tecnicamente e me apoiaram durante a elaboração deste documento.

Por último, estou muito grato a todos eles por me terem dado a oportunidade e a coragem de preparar e citar o artigo no fórum internacional e também de publicar o artigo de investigação na revista GSTF e, agora, também de publicar este livro.

Dilip Kumar Bhadra

Capítulo - 1 VISÃO GERAL

1.1 RESUMO

O presente documento centrou-se em algumas perspectivas asiáticas básicas e caraterísticas homogéneas herdadas, especialmente tradições sociais e culturais, valores, etnicidade e emoções. Estes são factores predominantes para os povos dos países do Sudeste, do Sul e do Leste Asiático que têm influenciado muito a tomada de decisões nas famílias e nas sociedades. Estes factores de influência são também responsáveis pela expansão dos mercados turísticos a nível mundial. Com efeito, o longo período de exploração e luta colonial e a transformação social gradual prepararam os povos asiáticos para o aumento da sua autossuficiência, da sua autoestima e da sua ascensão económica, o que provocou mudanças nos seus estilos de vida e no seu pensamento livre sobre o mundo e as outras sociedades. O longo atraso económico dos asiáticos, os preconceitos e os valores anti-éticos dominantes têm vindo a desaparecer com o rápido crescimento do individualismo, do nacionalismo e do desenvolvimento económico dos povos asiáticos. Todas estas questões são mais ou menos responsáveis pela mudança de perspetiva dos habitantes asiáticos e preparam-nos para alargarem as suas percepções de viagem sobre as atracções turísticas mundiais e os diferentes valores sociais. O presente documento discutiu pormenorizadamente estes factores e analisou o seu impacto na tomada de decisões em matéria de participação no turismo, com base nos resultados de um inquérito e noutros documentos. As sociedades asiáticas estão habituadas à tecnologia moderna e à comunicação e as actuais interações globais estão a influenciá-las muito na nova forma de pensar, criando uma procura de visitas a outras sociedades e ao mundo ocidental. As gerações jovens actuais estão sedentas de partilhar com os outros o conhecimento de valores invisíveis e desconhecidos. Todos estes factores têm um papel positivo no aumento do número de viajantes asiáticos. O documento apresenta também a natureza do marketing habitual e os limites das despesas dos viajantes asiáticos.

1.2 INTRODUÇÃO

Os turistas asiáticos vão desempenhar um papel determinante na perspetiva do turismo mundial. O número de turistas que chegam a todo o mundo está a aumentar gradualmente e uma grande parte deles é proveniente do continente asiático. As jovens gerações asiáticas têm vindo a criar uma imagem de aspiração turística devido a algumas mudanças sócio-estruturais e económicas, que foram analisadas em pormenor no presente documento. O documento centra-se na unidade básica da religião asiática, nos valores da cultura, da etnia e da tradição, nos benefícios das regras coloniais, nos avanços da tecnologia moderna e da comunicação e no desenvolvimento económico recente, bem como no desenvolvimento dos mercados turísticos, que têm um impacto significativo na expansão do turismo asiático e criam novas exigências para os mercados turísticos. Todos estes factores foram analisados com base em alguns documentos e resultados de inquéritos.

1.3 OBJECTIVOS

O principal objetivo do documento é descobrir como os povos asiáticos estão a tornar-se mais livres e individualistas, saindo das suas tradições sociais e traços culturais comuns, especialmente no caso da tomada de decisões para uma maior participação no turismo. Além disso, o documento aborda algumas outras caraterísticas sociais e económicas dos turistas asiáticos, factores responsáveis pela expansão dos mercados turísticos globais e pelo aumento do número de viajantes asiáticos.

1.4 METODOLOGIA

No estudo, foi concebido um quadro de inquérito com base em informações sobre as chegadas de turistas do Bangladeche de diferentes continentes em 2013 (***Fonte: Bangladesh Parjatan Corporation***), considerando o ano como normal no turismo. Seguiram-se procedimentos de amostragem estratificada em duas fases. Na primeira fase, é estimada uma fração muito pequena (n/N = .00025, 147) do número total de turistas (população, N = 588193). Em seguida, o número da amostra da população é distribuído pelos rácios continentais de visitantes segundo o método PPS, pelo que os números da amostra de turistas provêm da Europa (37), dos EUA (14), de África (1), da Austrália (7) e da Ásia (88). Na segunda fase da estrutura da amostra, o número de turistas selecionados de acordo com o método PPS e os países do continente asiático são a Índia, a China, o Japão, a Tailândia, a Malásia, a Indonésia, o Camboja, Hong Kong, Singapura, a República Democrática Popular do Laos, o Vietname, o Sri Lanka, o Nepal, o Butão e um número muito reduzido de turistas de países do Médio Oriente. Foram concebidos dois conjuntos diferentes de questionários, incluindo um número total de 38 perguntas de base. Do total de 38, 23 perguntas ***(Parte I)*** foram selecionadas para os turistas dos cinco continentes e 15 perguntas ***(Parte II)*** foram colocadas aos inquiridos separadamente apenas para os turistas do continente asiático. Por fim, foi entrevistado um total de 147 pessoas da amostra, independentemente de serem homens ou mulheres, no Aeroporto Internacional Hazrat Shahjalal, em Daca. No aeroporto, apenas foram entrevistados os turistas que partiram e uma única pessoa de uma família de turistas.

Capítulo - 2 QUESTÕES SIGNIFICATIVAS

2.1 CONCEITOS DE REGIÃO UTILIZADOS

Ásia Oriental: China, Hong Kong, Macau, Mongólia, Coreia do Norte, Coreia do Sul, Japão e Tailândia.

Ásia Meridional: Afeganistão, Bangladesh, Butão, Índia, Maldivas, Nepal, Paquistão e Sri Lanka.

Sudeste Asiático: Brunei, Camboja, Timor Leste, Índia, Indonésia, Laos PDR, Malásia, Myanmar, Filipinas, Singapura e Vietname.

Médio Oriente*:* Barém, Egito, Iraque, Jordânia, Kuwait, Líbano, Líbia, Omã, Qatar, Arábia Saudita, Síria, Emirados Árabes Unidos e Iémen.

2.2 OPERAÇÃO DE INQUÉRITO

Toda a operação de inquérito do estudo foi realizada em duas fases de cada vez, utilizando dois conjuntos separados de questionários baseados na mesma estrutura de amostragem durante a última semana de fevereiro de 2015. O inquérito foi realizado a partir da manhã até à tarde, a menos que o objetivo fosse atingido. Foram contratados dois grupos de enumeradores para recolher dados/informações nos questionários. O número de enumeradores de cada grupo foi organizado de acordo com a carga de trabalho de preenchimento dos questionários. Foi contratado um número total de 18 enumeradores. Para o primeiro grupo do questionário-1, apenas 8 pessoas e, no segundo grupo, 10 pessoas foram incluídas para recolher dados sobre o questionário-2 através de entrevistas presenciais aos viajantes que partiram do aeroporto. Todos estes enumeradores eram estudantes universitários a nível de licenciatura e superior. Receberam formação sobre estes questionários e usaram a sua competência técnica enquanto entrevistavam os estrangeiros. Dois supervisores experientes participaram no inquérito, coordenaram todo o processo de inquérito no aeroporto e mantiveram sempre uma ligação com o coordenador do projeto. O segundo questionário foi utilizado apenas para os viajantes do continente asiático e o primeiro questionário foi utilizado para os turistas globais. No primeiro conjunto de questionários, foi incluído um total de 23 perguntas principais e 15 perguntas foram mantidas no segundo conjunto de questionários.

Os dados dos 147 questionários preenchidos foram submetidos e processados cuidadosamente no microcomputador utilizando a folha de dados Excel. Antes de processar os dados recolhidos, todos eles foram verificados e editados uma segunda vez, se necessário. Em primeiro lugar, os dados foram verificados e os controlos de qualidade foram efectuados por supervisores, de forma aleatória, no aeroporto. Foi necessário verificar novamente uma pequena informação dos questionários e perguntar novamente aos inquiridos correspondentes para os tornar mais claros e adequados.

2.3 LIMITAÇÕES E DESVANTAGENS DO INQUÉRITO

Alguns enumeradores tiveram de enfrentar algumas dificuldades durante o inquérito em curso no aeroporto. Não é fácil encontrar, a nível nacional, um potencial turista de amostra que esteja interessado em fornecer informações para o questionário do inquérito. Geralmente, os viajantes que partem estão sempre mentalmente apressados no aeroporto, especialmente durante a recolha do cartão de embarque para os seus respectivos voos ou enquanto estão na fila. Mesmo na sala de espera após a passagem de segurança, enquanto os passageiros se sentam à espera do embarque nos seus voos, uma parte significativa dos viajantes da amostra não está disposta a dar informações. Por vezes, negam diretamente aos enumeradores a resposta às perguntas. Observa-se também que alguns inquiridos da amostra tentam fugir às respostas ou respondem de forma descuidada. Por vezes, alguns inquiridos tentam, de alguma forma, passar ao lado de todas as respostas às perguntas. Os inquiridos têm de ter muita paciência para os trazer de volta ao caminho certo do ponto de vista técnico.

No início do inquérito no aeroporto, observou-se que muitos inquiridos tentavam evitar dizer os seus nomes verdadeiros ou completos, dizendo sobretudo a sua alcunha. Pareceu-nos que o nome individual do inquirido é, de alguma forma, sensível para ele e pode desviar a verdadeira resposta às perguntas. Por isso, decidimos imediatamente não escrever os nomes dos inquiridos nos questionários. Esta decisão trouxe-nos mais benefícios durante todo o período do inquérito. Muitos inquiridos cooperaram com os enumeradores, fornecendo voluntariamente respostas suplementares inesperadas e úteis.

A edição dos dados foi necessária num número muito reduzido de casos em que foram obtidas respostas ambíguas dos inquiridos. Algumas informações fornecidas pareciam ser contraditórias e até mesmo ter um duplo sentido para a resposta à pergunta. Nesse caso, todo o questionário preenchido teve de ser avaliado e lido minuciosamente uma e outra vez para se chegar a uma solução adequada que se mantivesse em harmonia com toda a folha de respostas, uma vez que o inquirido em causa não estava disponível.

Em primeiro lugar, os supervisores que trabalham no aeroporto constataram que cinco inquiridos não responderam completamente a todas as perguntas e evitaram fornecer as informações necessárias. Os enumeradores pediram-lhes várias vezes, mas os inquiridos em causa não quiseram fornecê-las. O assunto foi imediatamente informado ao Coordenador do Projeto (PC). Ele levou o assunto a sério e encontrou-se com eles no aeroporto imediatamente e convenceu-os. Assim, toda a informação foi recolhida nos questionários da amostra para garantir uma resposta a 100%.

Alguns inquiridos foram substituídos, na sequência do processo de amostragem, por outros que se recusaram completamente a cooperar com os enumeradores e manifestaram a sua indisponibilidade para participar na entrevista, apesar de lhes ter sido solicitado várias vezes. No entanto, a operação de inquérito foi realizada com êxito no aeroporto.

Capítulo - 3 POPULAÇÃO ASIÁTICA, CRESCIMENTO ECONÓMICO E TURISMO

3.1 POPULAÇÃO ASIÁTICA, CRESCIMENTO ECONÓMICO E TURISMO

3.1.1 População asiática e crescimento económico

O continente asiático abrange uma vasta área geográfica, com diversas paisagens, climas, sociedades, culturas, religiões e economias. Mais de 60 % da população mundial (***WP Data Sheet, 2013***) vive nesta região, dos quais cerca de metade vivem com menos de um dólar por dia. Apesar deste quadro de pobreza, o rápido crescimento económico da Ásia continua a ser favorável (***Anexos 1 e 2).*** Atualmente, "o produto interno bruto (PIB) da Ásia em desenvolvimento está a aumentar de forma constante 6,1% em 2013 (*Anexo 2)"*. É provável que as actuais tendências económicas nesta região se mantenham ou progridam ainda mais rapidamente nas próximas décadas. ***O Asian Development Outlook (ADO) 2014 do BAD*** projectou que o crescimento da Ásia em desenvolvimento aumentará de 6,1% em 2013 para 6,2% em 2014 e 6,4% em 2015. Devido à impressionante expansão económica e ao razoável crescimento da população com caraterísticas demográficas, a Ásia tem sido considerada a região mais dinâmica e será um importante centro de crescimento nas próximas décadas. As taxas de crescimento do PIB de muitos países do sudeste e do sul da Ásia rondam os 6-7% (***crescimento do PIB por país***) e apenas alguns países continuam a atingir os 4-6%, enquanto a Coreia, Singapura, Hong Kong e Tailândia rondam os 3%. Os PIB das sub-regiões do Nordeste Asiático, do Sul da Ásia e da Ásia Central registaram uma taxa de crescimento anual elevada, entre 4 e 8%, desde 1998, em grande parte devido à rápida industrialização e ao comércio internacional (***Figura 7: ADB, Asian Development Outlook 1996 & 1997, 2003)***. Com efeito, estas mudanças económicas graduais na maior parte dos países asiáticos e na sua sub-região, que partilham um contexto natural e sociocultural enriquecido semelhante, bem como experiências de valores culturais e tradições semelhantes, desempenharam um papel fundamental na alteração das perspectivas das jovens gerações asiáticas e na superação das suas normas tradicionais de longa data, o que é favorável ao aumento do número de viajantes asiáticos em todo o mundo. Os resultados do inquérito mostram que mais de 9% dos viajantes asiáticos aderiram pela primeira vez às viagens ao estrangeiro em 2014.

QUADRO I. FREQUÊNCIA DAS DESLOCAÇÕES DOS VIAJANTES PARA O ESTRANGEIRO

Cabeça de mesa	**Estado da viagem de saída do viajante**			
	Total	*Primeira vez*	*Segunda vez*	*Tempo múltiplo*
	100	*9.09*	30.68	60.23

Quadros do inquérito por amostragem Q-3 (repartido).

3.1.2 A Ásia está a ganhar capacidade económica para o turismo

O questionário do inquérito inclui perguntas para examinar as mudanças e o aumento da capacidade económica dos turistas asiáticos.

QUADRO II. GANHAR CAPACIDADE ECONÓMICA PARA AS VIAGENS DE SAÍDA

Cabeça de mesa	**Ganhar capacidade económica para viagens de saída**			**Incentivado pela família Viagens de saída de idosos**		
	1-2 anos	*3-5 anos*	*Mais de 5 anos*	*Total*	*Sim*	*Não*
Cabeça de mesa	**Obter capacidade económica para viagens de saída**			**Incentivado pela família Viagens de saída de idosos**		
	1-2 anos	*3-5 anos*	*Mais de 5 anos*	*Total*	*Sim*	*Não*
100	37.50	40.91	21.59	100	35.23	64.77

Quadros Q-8 e Q-9 do inquérito por amostragem.

QUADRO III. MEMBROS DA FAMÍLIA VISITADOS NO PAÍS

Cabeça de mesa	**Viagens internas**			**Incentivado pela experiência de viagem interna**		
	Total	*Sim*	*Não*	*Total*	*Sim*	*Não*
	100	80.68	19.32	100	31.13	78.87

Quadros Q-8 e Q-9 do inquérito por amostragem.

De acordo com os resultados do inquérito (Quadro-Q8), ***37,50%*** dos inquiridos tornaram-se economicamente capazes de realizar viagens nos últimos 1-2 anos, enquanto ***40,91%*** dos turistas adquiriram essa capacidade há 3-5 anos e ***21,59%*** dos viajantes adquiriram essa capacidade há mais de 5 anos. Foram colocadas outras questões correspondentes para avaliar a capacidade familiar. Verifica-se que ***35,23%*** dos inquiridos informaram que a sua geração mais velha imediata viajou para fora do país antes da primeira visita do inquirido ao estrangeiro, enquanto ***64,77%*** dos familiares dos inquiridos nunca viajaram para fora do seu país. Para saber se o inquirido tem ou não alguma experiência anterior de viagem dentro do país, uma vez que essa experiência induz a pessoa a ser um viajante para o estrangeiro. Uma parte notável, 80,***68%*** dos turistas, tem experiência prévia e os restantes ***19,32%*** dos inquiridos nunca visitaram o país antes de viajarem para fora. Isto significa que ***19,32%*** dos inquiridos estão a desfrutar de novas experiências de viagem. Do total de viajantes internos, ***21,13%*** dos inquiridos foram encorajados por experiências de viagem interna com o aumento da sua capacidade económica. Isto indica que a melhoria económica e as experiências de viagens internas incentivam de alguma forma as pessoas a viajar para o estrangeiro.

3.1.3 Economia asiática e crescimento do turismo emissor

As viagens globais para o exterior têm registado um sólido crescimento de 4-5% todos os anos desde 2011 ***(Relatório ITB 2013-14).*** No turismo, o número de viajantes asiáticos está a aumentar gradualmente devido ao crescimento económico mais rápido na Ásia. Estão a ser feitas mudanças contínuas em termos de viagens e turismo e a aumentar o poder de compra também na Ásia. Entre os países asiáticos, a economia chinesa destaca-se pelo seu crescimento económico constante, o que faz com que os viajantes chineses se aventurem no estrangeiro (***BBC News Asia: Asian Global Travel Boom***). Em 2013, o mercado do turismo emissor da China cresceu rapidamente. O seu estatuto é o de maior mercado mundial de turismo emissor e de maior gastador de turismo emissor (***CNTA: China Outbound Tourism 2013***)". As economias da *China* e da *Índia*, que serão o motor do crescimento global durante décadas no futuro. Em média, o crescimento asiático foi de 8,3, 6,8 e 6,9 em 2010, 2011 e 2012, respetivamente. Na Ásia emergente, excluindo a China, estas taxas de crescimento são de 8,8, 6,6 e 6,3 durante o mesmo período, ao passo que, excluindo a China e a Índia, estas taxas são de 7,7, 5,2 e 5,1, um pouco mais baixas do que as taxas anteriores. Depois de se ter expandido, em média, mais de 10% por ano durante uma década, a economia da China apenas cresceu a uma taxa de cerca de 8% em 2012". Por seu lado, "o crescimento da Índia, que atingiu um máximo de 10,1% em 2010, caiu para menos de 7% em 2011, para 4,9% em 2012 e estima-se que cresça apenas 6% este ano (***Tina Aridas & Valentina Pasquali***)". O "turismo emissor registou um desempenho estável em 2013, com um crescimento de 9% em termos do número de viagens, em comparação com um crescimento de 8% em 2012 (***UNWTO Highlights 2014***)". De acordo com o ***Tourism Australia***, "*a Índia* emergiu como o mercado emissor que mais cresce no mundo e, em números absolutos, fica atrás apenas da China. O número de indianos que viajam para o estrangeiro deverá aumentar de cerca de 15 milhões atualmente para 50 milhões até 2020". As mesmas perspectivas são encontradas noutros países do Sudeste, Leste e Sul da Ásia. De acordo com ***os relatórios nacionais da OMT***, nas *Filipinas* "o número de partidas para o estrangeiro registou um crescimento mais lento de 7% em 2013 (devido a calamidades naturais) em comparação com o crescimento de 9% que atingiu em 2012". "Em 2013, as partidas do *Vietname* registaram um crescimento do volume de 14%, mais lento do que em 2012, devido ao abrandamento económico no Vietname no final do período em análise". "As partidas da *Tailândia* continuaram a registar um crescimento positivo moderado do número de viagens em 2013". "Embora as despesas internas tenham dado sinais de depressão económica prolongada na *Coreia do Sul*, as viagens emissoras foram uma exceção mesmo em 2013". Os fluxos turísticos emissores registaram um aumento de 3% no número total de viagens em 2013 na *Malásia*". O turismo de *Tóquio* sofreu uma queda acentuada da procura após o terramoto de março de 2011 e a catástrofe nuclear que se lhe seguiu". O crescimento contínuo dos rendimentos disponíveis, o aumento do número de indivíduos ricos e o aumento do rendimento por agregado familiar continuam a alimentar o crescimento das viagens ao estrangeiro, especialmente para fins de lazer. O turismo emissor teve um bom desempenho em 2013, com um aumento de um ponto percentual em relação a 2012, tendo-se registado sobretudo viagens para destinos regionais de curta distância. Na verdade, o rápido crescimento económico da Ásia durante um longo período, o aumento do rendimento disponível, a flexibilização das restrições às viagens e a rápida urbanização permitiram que mais asiáticos viajassem para fora do país e que as companhias aéreas de baixo custo abrissem rotas são outro fator importante. De facto, a imagem das viagens na sua mente está a crescer através da descoberta lenta dos valores sociais e culturais das sociedades asiáticas tradicionais. Além disso, as modernas instalações auxiliares de viagem estão a despertar gradualmente a emoção dos jovens na antecipação das viagens ao estrangeiro.

Capítulo - 4 CULTURA BÁSICA ASIÁTICA CARACTERÍSTICAS E NORMAS EM MUDANÇA

4.1 CARACTERÍSTICAS DE BASE E HOMOGENEIDADE ASIÁTICAS

4.1.1 Valores culturais asiáticos

Dado que o vasto continente asiático é a maior casa da maioria da humanidade e que todos os países densamente povoados se situam na Ásia, esta tem uma variedade de nacionalidades, sociedades e normas, valores e tradições culturais, que são diferentes do mundo ocidental. A tradição, a cultura e as religiões asiáticas desempenham um papel importante na aculturação da proximidade entre os povos asiáticos. Apesar da diversidade das sociedades asiáticas, a unidade e a história comum de muitos países e culturas, estreitamente ligadas às suas tradições e valores, constituem as raízes fundamentais destes países. Algumas "atitudes comportamentais e valores culturais encontram-se em harmonia uns com os outros (***Marcia C. Carteret, 2011***)". **Am J. Phys Anthropol** refere esta proximidade antropológica noutro artigo de investigação ***(Am J. Phys Anthropol. 2002)***", "As sequências de mtDNA asiáticas revelam uma elevada variabilidade dentro das populações, mas diferenciações extremamente baixas entre as populações asiáticas". Outra unidade importante entre os asiáticos é o facto de quase todos os países asiáticos terem uma economia baseada na agricultura, uma vez que a expansão demográfica está associada à disseminação da agricultura na Ásia, o que é responsável pela extrema homogeneidade genética na Ásia. Embora existam numerosas diferenças em termos de religião, experiência de colonização e etnicidade, as semelhanças são muito mais significativas. Os asiáticos, em especial os países do Sudeste, do Leste e do Sul da Ásia, partilham um clima e traços culturais semelhantes, o que faz com que os povos asiáticos estejam ligados por um fio desde a Antiguidade e se tenham perdido com o desenvolvimento gradual das mudanças estruturais socioeconómicas.

4.2 RELIGIÕES ASIÁTICAS, VALORES CULTURAIS E IDENTIDADE E MUDANÇA DE ATITUDE

4.2.1 Religião asiática, filosofia e tomada de decisões

As religiões asiáticas (principalmente o hinduísmo, o taoísmo, o confucionismo, o budismo, o judaísmo e o islamismo) têm algumas semelhanças básicas em algumas crenças, padrões de comportamento e práticas da cultura religiosa. As culturas asiáticas desempenham um importante papel de influência nas famílias. Culturalmente, os asiáticos são pessoas altamente orientadas para os grupos, que dão grande ênfase à ligação familiar, que é a principal fonte da sua identidade e proteção contra as dificuldades da vida (***Marcia C. Carteret, 2011***) e desenvolvem a consciência dos valores culturais normativos em que se espera lealdade à família e respeito pelos mais velhos. Embora distinta, a cultura asiática tem, de facto, o seu próprio conjunto de valores. Todas elas partilham um núcleo comum, que se manifesta nas tradições japonesa e chinesa e em filósofos como Confúcio, cujos escritos tiveram uma influência considerável em toda a Ásia. As tradições filosóficas asiáticas tiveram origem na Índia e na China (***filosofia oriental***) e difundiram-se amplamente no Sudeste, Sul e Este da Ásia. Esta tradição aproximou-os em termos de pensamento e de valores, que estão muito interligados. A visão do indivíduo como fazendo parte de um grupo ou família muito maior reflecte-se em muitos casos de tomada de decisões. No entanto, este longo valor cultural está a ser gradualmente descoberto nas sociedades asiáticas devido à alteração das actuais normas económicas e ao desenvolvimento dos padrões de vida social dos povos asiáticos.

4.2.2 Inspiração educativa e traços socioculturais

De um modo geral, a tradição cultural asiática valoriza *muito a educação* para o auto-aperfeiçoamento, *a autoestima, a família e as etnias* ***(Schneider & Lees, 1990)***'. A educação inspira a aspiração ou a expetativa de mais conhecimentos e, atualmente, o valor monetário da situação financeira de uma pessoa, porque a educação é a forma mais valorizada de alcançar o sucesso ou a posição. Funciona como um fator-chave para a mobilidade social e para a criação de oportunidades económicas. Um nível mais elevado de educação parental também cria uma transição ou transformação do conhecimento no seio da família ou das etnias e, mesmo através da educação e do conhecimento, é possível aceder a outros grupos sociais que influenciam as pessoas em todo o mundo. As interações entre diferentes contextos culturais e o desenvolvimento da consciência dos valores culturais normativos podem levar as pessoas a mudar de atitude, em alguns casos, de valores culturais. Os asiáticos do sudeste, compostos em grande parte por indochineses do Vietname, Tailândia, Camboja, Laos e birmaneses e filipinos; e os asiáticos do leste, incluindo chineses, japoneses e coreanos ***(Trueba, Cheng, & Ima 1993***), cada uma destas comunidades difere em alguns casos de traços socioculturais, tal como os subgrupos dentro de cada um e as suas culturas estão habituadas a normas de comunicação distintas. Mas quando são apresentados socialmente como "asiáticos" numa comunidade-ambiente diferente, longe dos seus países, a atitude dos traços socioculturais muda e transforma-se numa unidade. De acordo com as exigências do tempo e em função das circunstâncias socio-ambientais, este valor social das sociedades asiáticas favoreceu a redução gradual dos preconceitos, da discriminação e do atraso, porque os preconceitos envolvem atitudes e crenças ou noções preconcebidas que podem ser reduzidas através da educação ou do debate entre grupos sociais **(*Matthew Schieltz*)** e do aumento da capacidade económica. Oferece benefícios às sociedades, pois permite-lhes descobrir lentamente os seus valores tradicionais e sociais durante um longo período. De acordo com o ***relatório do PNUD de 2009***, em média, a taxa de alfabetização no Sudeste Asiático é de cerca de 90-96%, na Ásia Oriental é de cerca de 96-99% e no Sul da Ásia é de 53-58%, exceto na Índia (74%) e no Sri Lanka (94,2%). Nas últimas décadas, a taxa de literacia tem vindo a melhorar gradualmente e a reforçar o desenvolvimento social na região.

4.2.3 Pensamento individualista e preocupação com a família

À medida que as sociedades se desenvolvem, a base das necessidades e dos desejos humanos também se altera. medida que nos tornamos cada vez mais capazes de satisfazer as nossas necessidades básicas, voltamos a nossa atenção para a satisfação das nossas necessidades de "ordem superior" ***(Greg Richards)"***. Para examinar a ordem, praticar os traços culturais das pessoas nas famílias, e até que ponto são leais às suas famílias e se preocupam com o seu próprio pensamento individualista nas famílias, foram colocadas algumas questões aos viajantes asiáticos. No entanto, os resultados do inquérito mostram que ***78,41% dos*** viajantes asiáticos partilharam o seu plano de viagem com a família e ***7,95%*** partilharam-no parcialmente**,** enquanto apenas **13,64%** dos inquiridos não partilharam o plano de todo. No inquérito, também se perguntava aos inquiridos até que ponto gostavam de ter liberdade na tomada de decisões relativas à sua viagem e ***69,32% dos*** inquiridos responderam afirmativamente, enquanto **30,68%** responderam negativamente. Nesta fase, as respostas dos inquiridos não permitiram determinar o grau de liberdade. Por isso, as perguntas seguintes são sobre o nível de liberdade. Entre eles, ***54,54%*** dos inquiridos confirmaram a sua soberania apesar de partilharem a sua ideia com a família, ***23,86%*** gozaram de liberdade parcial porque têm de obedecer aos mais velhos e a outros membros da família e os restantes ***21,59%*** dos inquiridos estavam completamente dependentes das suas famílias no que diz respeito à tomada de decisões de viagem. Os resultados implicam que a liberdade individual é mais apreciada (ver literacia anterior) nas famílias asiáticas atualmente do que nos anos anteriores, especialmente no que diz respeito aos viajantes em matéria de tomada de decisões. Em comparação com os asiáticos, os jovens adultos ocidentais gozam de uma vida de liberdade em muitos domínios, sem restrições sociais para além das escolhas individuais ***(Euroculturer, 2014)".*** A maioria dos jovens viajantes é atualmente ou já foi estudante (***Hilary du Cros, ARI, Working Paper 217, 2014)***" e o pensamento individualista actua positivamente sobre eles devido às suas qualidades educativas.

QUADRO IV. PARTILHAR O PLANO DE VIAGEM COM A FAMÍLIA

Tabela Cabeça	**Partilhar o plano de viagem com a família**			**Preocupação da família com a tomada de decisões em matéria de viagens**		
	Sim	*Parcial*	*Não*	*Total*	*Sim*	*Não*
100	78.41	*7.95*	13.64	100	69.32	30.68

Quadros do inquérito por amostragem Q-7.

QUADRO V. LIBERDADE DE DECISÃO DOS MEMBROS DA FAMÍLIA EM MATÉRIA DE VIAGENS

Cabeça de mesa	**Membro da família que goza de liberdade para tomar decisões em matéria de viagens**			
	Total	*Soberano*	*Parcial*	*Nenhum*
	100	54.54	23.86	21.59

Quadros do inquérito por amostragem Q-7 (fraccionado).

4.3 ESTRUTURA MORAL DOS ASIÁTICOS NAS FAMÍLIAS E INTERACÇÕES COM UMA PERSPECTIVA GLOBAL

4.3.1 Nova geração e impactos tecnológicos

Nas famílias asiáticas, é dada grande importância aos aspectos fundamentais dos laços familiares. Nas famílias, segue-se uma hierarquia e as pessoas estão ligadas às suas raízes. A relação hierárquica asiática cria muitas obrigações para os filhos, que podem ser a obediência aos pais. Esta é uma lição moral básica dos laços familiares. De facto, esta é a unidade estrutural básica que constitui as sociedades. A maior parte das famílias reúne-se à hora das refeições, ou seja, para conviver e festejar. O segundo aspeto é que a maioria dos povos que vivem na Ásia considera a religião e a língua muito importantes para eles e ambos os elementos têm muita influência nos seus códigos de vestuário e festivais. Todos estes costumes e práticas sociais formaram uma estrutura familiar forte e criaram uma obrigação moral de partilhar responsabilidades no seio da família ***(Arthur Hu, Dimensions of Culture)***. As crianças aprendem cedo na família um pensamento coletivamente relacional, que promove a motivação para a partilha durante toda a sua vida. Nenhuma criança pode desonrar-se a si própria ou à família. Na família tradicional asiática, os pais definem a lei e espera-se que os filhos cumpram os seus pedidos e exigências; a piedade filial ou o respeito pelos pais e pelos mais velhos é extremamente importante. A influência desta herança cultural actua como uma força de decisão e é transmitida para apoiar a harmonia, o parentesco e a conetividade ou proximidade uns dos outros no contexto da comunicação interpessoal. Estes valores tradicionais dos asiáticos afectam muito, em muitos casos, o processo de tomada de decisões *(Wikipédia)*. Os valores familiares tradicionais na tomada de decisões ou na mentalidade da geração jovem estão a ser influenciados pelas actuais interações sociais e globais e pelo desenvolvimento dos padrões de vida devido ao avanço económico e tecnológico. Atualmente, os viajantes asiáticos têm vindo a desviar-se da sua tradição familiar normal e a participar mais em viagens para o exterior, devido ao aumento da sua autossuficiência e à crescente tendência individualista. Diferentes iniciativas de desenvolvimento social, económico e político contribuíram para elevar o nível de vida, a segurança social e criar autoestima e individualismo. Como resultado, as normas sociais actuais estão a induzir as jovens gerações a abrir os olhos para as belezas do mundo e a prepará-las para participar na partilha de novas experiências com outras sociedades. Esta motivação está a aumentar o número de viajantes emissores na Ásia. Atualmente, as viagens para o estrangeiro a nível mundial têm crescido uns sólidos 4-5% todos os anos desde 2011, enquanto o crescimento das viagens na Ásia foi impulsionado por +8% ***(ITB World Travel Trends Report 2014/2015)***. As taxas são de +5,6% para o Sul da Ásia e de +6,6% para os países da Oceânia ***(ITB Berlim: Comunicado de imprensa, 2014)***. Na Ásia, o Japão está logo atrás da China em termos de número de viajantes emissores e depois da Índia. Mais de 17 milhões de turistas japoneses viajaram para o estrangeiro em 2013/2015 ***(Travel Trends & Statistics: Outbound Japanese Tourism)***. De acordo com a UNWTO Tourism Highlights 2015 (p-4), verifica-se que o número de viajantes emissores da Ásia e do Pacífico é de 6,1%, 7,9% no Sudeste Asiático e 8,6% no Sul da Ásia e 2,1% nos países da Oceânia, que estão a aumentar gradualmente.

4.3.2Turismo e preocupação com a família

Para compreender o nível de estrutura familiar e a natureza da família dos viajantes, foram colocadas várias perguntas no questionário do inquérito. Os resultados do inquérito mostram que ***65,91% dos*** viajantes asiáticos se sentem muito leais à sua família, ***30,68%*** informaram que possuíam uma família intermédia e apenas ***3,41%*** não se sentiam leais à família. Foram também colocadas aos turistas inquiridos outras questões correspondentes ao tipo e à natureza da família. De acordo com os resultados, ***53,41% dos*** turistas asiáticos inquiridos informaram que eram membros de famílias centrais, ***36,36%*** dos turistas viviam numa família alargada e ***4,55%*** dos inquiridos não tinham qualquer família. Apenas ***5,68%*** dos inquiridos residiam com outras pessoas. Por outro lado, ***55,68%*** dos turistas provêm de famílias tradicionais, ***27,27%*** de famílias modernas e ***13,64%*** de famílias religiosas. Apenas ***3,41%*** dos inquiridos não sabiam ao certo qual o seu tipo de família. Na maior parte dos países da Ásia Oriental, os jovens gozam atualmente de muito mais autonomia do que no passado. A China destaca-se por ter sofrido uma série de mudanças radicais devido às políticas empreendidas para melhorar os sectores educativo, social, político e económico durante o século XX, que tiveram um grande impacto na alteração dos padrões familiares tradicionais e asseguraram a posição das mulheres na sociedade. As estruturas familiares tradicionais do Sudeste Asiático, como a Indonésia, a Malásia, as Filipinas, a Tailândia e o Vietname, são mais variadas do que os padrões familiares das populações de etnia chinesa. Nos países do Sul da Ásia, como o Bangladesh, a Índia, o Nepal e o Paquistão, continua a prevalecer um sistema fortemente orientado para a família. O número de turistas do sexo feminino provenientes do Sudeste e do Sul da Ásia depende muito mais da natureza da tradição familiar do que das capacidades económicas. De acordo com os resultados do inquérito, os visitantes masculinos e femininos representam, respetivamente, ***59,09%*** e ***40,91%***, dos quais uma parte significativa ***(22,73%)*** é proveniente da China e do Japão. Estes estão ao lado dos turistas indianos, que têm alguma ligação familiar devido à sua origem em Bengala e que lhes é conveniente por serem vizinhos.

TABELA VI. NATUREZA DO VIAJANTE LEALDADE À FAMÍLIA E TIPO DE FAMÍLIA

Tabela Cabeça	**Lealdade do viajante emissor para com a família**			**Tipo de família que vive com o viajante**				
	Muito muito	*Moderado comeu*	*Nenhum*	*Total*	*Central*	*Alargado*	*Não Família*	*Com Outros*

100	65.91	30.68	3.41	100	53.41	36.36	4.55	5.68

. Quadros do inquérito por amostragem Q-5.

TABELA VII. VIAJANTE PERTENCE A UM TIPO DE FAMÍLIA

Tabela	**Membro da família**				
Cabeça	***Total***	***Tradicional***	***Moderno***	***Religioso***	***Não fazer ideia***
	100	55.68	27.27	13.64	3.41

Quadros do inquérito por amostragem Q-6 (fraccionado).

QUADRO VIII. GÉNERO DOS VIAJANTES E IDENTIDADE DO PAÍS

Tabela	**Identidade de género do viajante**		
Cabeça	***Total***	***Masculino***	***Feminino***
	100	59.09	40.91

Quadros do inquérito por amostragem Q-1 (dividido).

4.3.3 Viagens asiáticas para o estrangeiro e questões de género

Devido à descoberta gradual da tradição familiar e da dependência das mulheres nas famílias ao longo dos anos, o aumento da autossuficiência e do pensamento individualista entre os membros das famílias asiáticas está a crescer. Ambos os factores estão a influenciar os membros da família a participarem mais em viagens fora do país com o aumento das capacidades económicas. Em muitos países asiáticos, as mulheres estão a mostrar mais coragem para viajar para fora do país do que os homens. Os dados de diferentes organizações estatísticas e gabinetes de turismo da Ásia revelam este facto. Na Ásia, isto está a acontecer, especialmente no Leste, Sudeste e em alguns países do Sul da Ásia. De acordo com a ***JNTO (2009),*** 43,3% (7,5 milhões) das mulheres japonesas viajaram para o estrangeiro, em comparação com 56,7% (7,7 milhões) dos homens. Em 2003 e 2004, os viajantes japoneses do sexo masculino e feminino eram, respetivamente, 62,8% e 37,2% e 56,8% e 43,2%. Ou seja, nos últimos anos, as mulheres estão a sair mais das suas famílias do que os homens. Ao mesmo tempo, "o rápido crescimento do número de mulheres japonesas que viajam para o estrangeiro sublinha a importância de compreender o mercado do turismo ***(artigo de Lipin A Cai: 41)"***, uma vez que se centra nas atitudes, motivações e atributos relacionados com a viagem dos viajantes japoneses do sexo feminino e masculino. Do mesmo modo, os residentes de Singapura com idade igual ou superior a 15 anos visitaram países estrangeiros, dos quais 49,30% eram homens e 50,70% eram mulheres do total de viajantes estrangeiros. ***As estatísticas do turismo em 2015*** da Coreia do Sul indicam que 38,59% dos homens e 54,44% das mulheres e os restantes 6,97% eram tripulantes. ***O Serviço Nacional de Estatística das Filipinas (2012)*** revela que a proporção de viajantes do sexo feminino (52,2%) era superior à dos viajantes do sexo masculino (47,8%). Na Tailândia, as percentagens de homens e mulheres são de 51% e 49%, respetivamente. O número de cidadãos indianos que partiram da Índia em 1991 foi de 1,94 milhões, tendo aumentado para 13,99 milhões em 2011, com uma taxa de crescimento anual composta de 10,95% ***(Indian Tourism Statistics 2011).*** Do mesmo modo, o número de viajantes da Indonésia aumentou gradualmente de 6,2 milhões em 2008 para 6,5 milhões em 2010 e 7,3 milhões em 2012 ***(STB Market Insights - Indonesia, 2014)***.

4.3.4Próximos viajantes asiáticos do sexo feminino

A maioria das mulheres asiáticas costumava pensar que não era seguro viajar sozinha. Atualmente, a situação melhorou muito na Ásia, especialmente nos países do Leste e do Sudeste Asiático. Quase todas as mulheres dos países asiáticos continuam a ser consideradas as mais simpáticas e pacíficas do mundo, embora algumas não gozem dos mesmos privilégios que os ocidentais. Atualmente, em todo o mundo, as mulheres são recebidas de braços abertos como turistas estrangeiras. O Sudeste e o Leste Asiático em geral são óptimos locais para as mulheres viajarem sozinhas. Por exemplo, grandes cidades como o Japão, Kuala Lumpur, Hong Kong e Singapura são óptimos locais para as mulheres viajarem sozinhas. Os resultados do inquérito mostram que, enquanto viajantes individuais, as mulheres chinesas e japonesas estão mais avançadas do que quaisquer outras viajantes individuais na Ásia. Do total de viajantes, ***17,05%*** das mulheres são da China e do Japão, seguidas pela Índia, ***com 15,91% de*** mulheres. Por outro lado, os restantes ***7,95% de*** visitantes do sexo feminino são de outros países asiáticos que visitaram o Bangladesh. Os resultados do inquérito mostram que os viajantes, incluindo os membros acompanhados, são ***47,80%*** do sexo feminino e ***52,20%*** do sexo masculino. Ou seja, os viajantes do sexo feminino estão muito próximos dos viajantes do sexo masculino. Ao descobrir as tradições e os valores sociais e culturais das sociedades asiáticas, mais mulheres estão a mostrar interesse em viajar para o estrangeiro e até em viajar sozinhas. De ***acordo com o Chinese International Travel Monitor (CITM), publicado em julho de 2014,*** "cerca de dois terços dos consumidores chineses preferem viajar de forma independente, mais cinco pontos percentuais do que em 2013. O rendimento disponível mais elevado da classe média chinesa, que está a emergir rapidamente, o crescente conhecimento público das culturas ocidentais e o aumento do número de voos diretos para cidades estrangeiras contribuíram para o boom das viagens independentes para o estrangeiro". Esta imagem é visível em muitos outros países da Ásia. Apesar dos vários factores incluídos, esta discussão implica que houve uma mudança fundamental na natureza dos valores socioculturais e das mudanças da sociedade asiática na natureza do turismo nesta região. A partir da análise, observa-se que as normas sociais actuais na Ásia para viajar são muito diferentes das normas sociais tradicionais anteriores.

QUADRO IX. PRÓXIMOS VIAJANTES DO SEXO FEMININO NA ÁSIA

Tabela Cabeça	**Identidade de género do viajante**			
	Total	*China e Japão*	*Índia*	*Outros*
	40.91	17.05	15.91	*7.95*

Quadros do inquérito por amostragem Q-1 (dividido).

4.4 TRADIÇÕES ASIÁTICAS, REGRAS COLONIAIS E MUDANÇAS DE MENTALIDADE INDIVIDUALISTAS

4.4.1 Regras coloniais asiáticas e mentalidade para viajar

Desde a antiguidade, os povos asiáticos são tradicionalmente hospitaleiros e acolhem bem os estrangeiros, uma vez que sofreram influências culturais muito ricas das civilizações chinesa e indiana durante 1500 anos, de 500 a.C. a 1000 d.C. (***Barton***). A era do colonialismo começou por volta de 1500, na sequência das descobertas europeias de uma rota marítima em torno da costa sul de África (1488) e da América (1492). As sete potências coloniais no Sudeste Asiático foram Portugal, Espanha, Países Baixos, Grã-Bretanha, França, Estados Unidos e, por último, o Japão durante a Segunda Guerra Mundial, tendo começado por derrotar as forças navais muçulmanas em 1509 e tomado Malaca em 1511 (***Barton***). No Sul da Ásia, os invasores foram sobretudo os franceses e os ingleses. O domínio colonial desmoraliza a liberdade individual e as atitudes de livre-pensamento ao longo de muitos anos, o que leva ao atraso do desenvolvimento económico regional devido ao domínio colonial sobre os povos e os territórios. As regras coloniais actuam com base em três motivos principais: expansão do território, procura de lucros mercantilistas, importação de matérias-primas baratas e extração de metais preciosos. Apesar dos cerca de 400 anos de dominação colonial, o Sudeste e o Sul da Ásia estão expostos a diferentes civilizações, culturas e religiões durante milhares de anos de animismo do budismo, do taoísmo, do confucionismo, do hinduísmo e do islamismo. O Budismo e o Taoísmo favorecem uma forma mais holística e dialética de pensar o mundo, os seres humanos e a transcendência (***Clobert, M., Saroglou, V., Hwang, K.-K., & Soong, W.-L).*** Basicamente, os quatro elementos principais dos asiáticos, nomeadamente a cultura, o comércio, a religião e a luta, desempenharam um papel importante na restauração da formação do Estado dos actuais países do Sudeste, do Sul e do Leste Asiático e criaram as suas gloriosas perspectivas passadas. Os países asiáticos modernos emergem da sua rica história, da diversidade das suas culturas e da sua transformação social a partir da luta colonial ocidental e dos seus valores anti-éticos. A civilização mais antiga e a história mais longa da humanidade transformaram os asiáticos numa população mais realista em relação ao futuro. Os resultados do inquérito revelam que a atitude dos habitantes asiáticos é uma mentalidade liberal em relação ao mundo dos seus colonizadores (Quadro IX, *ponto 5.4.2*).

4.4.2 Atitude liberal humanista asiática para viajar

Para examinar a impressão mental dos actuais viajantes asiáticos relativamente ao mundo dos seus colonizadores, foi-lhes perguntado se gostavam ou não dos seus países colonizadores. Os resultados do inquérito revelam que ***67,05%*** dos viajantes gostam do país colonizador, enquanto ***32,95%*** expressaram o seu desagrado. Foram-lhes feitas outras perguntas para investigar o seu nível de simpatia. Observa-se que ***53,41%*** dos inquiridos informaram que gostam um pouco dos países colonizadores, ***13,64%*** gostam muito deles, enquanto ***32,95%*** detestam os colonizadores. Isto indica que uma grande parte dos turistas tem um pensamento humanista sobre a realidade atual. Uma grande parte dos turistas das ex-colónias mudou as suas perspectivas em relação às suas antigas potências coloniais e participa mais em viagens fora dos seus países. Até eles estão dispostos a ver as raízes colonizadoras que os visitam. Uma parte significativa dos turistas asiáticos está sempre disposta a obter novas experiências no mundo desenvolvido (para além da Ásia). Trata-se de ***23,86%,*** enquanto os restantes *7,95%* ***dos*** inquiridos desejam visitar o mundo do seu colonizador na Ásia.

QUADRO X. ATITUDE MENTAL DO VIAJANTE EM RELAÇÃO AO MUNDO DO COLONIZADOR

Tabela Cabeça	**Viajantes asiáticos gostam de visitar o Coloniser World**		**Nível de simpatia do viajante pelo país do colonizador**			
	Sim	***Não***	***Total***	***Alguns***	***Muito***	***Ódio***
100	67.05	32.95	100	53.41	13.64	32.95

Quadros do inquérito por amostragem Q-15.

4.4.3O povo asiático atual tem sede de conhecimento desde a antiguidade devido ao impacto da cultura e da religião. Depois de 1500 d.C., o processo foi dificultado, mas não foi interrompido, pois estes elementos favoreceram sempre o seu progresso. Os países e as culturas asiáticas desempenham um papel cada vez mais influente tanto nos assuntos internacionais como nas comunidades locais. Atualmente, os asiáticos participam nos círculos cada vez mais alargados dos fóruns globais, participam mais em diferentes tipos de actividades co-curriculares de diálogos globais e estudam no estrangeiro, adquirindo experiências através do bilinguismo, da diversidade étnica, dos meios de comunicação social mundiais, da gestão dos recursos internacionais, da imigração e da construção da sociedade civil. O cenário cultural que os jovens herdaram desde cedo e que lhes ficou profundamente gravado na mente caracteriza-se por um desenvolvimento psicológico, cultural e socioeconómico, que está agora a ser gradualmente descoberto com os impactos globais das interações e do pensamento individualista. A maioria dos jovens asiáticos apercebeu-se de que viajar significa adquirir conhecimentos através da observação de coisas que fazem parte do ambiente. Esta experiência dá uma perspetiva diferente ao processo de pensamento, o que leva as pessoas a saírem de casa e a viajarem para partilharem conhecimentos e enriquecerem a sua confiança no mundo competitivo da existência. O rápido crescimento e as mudanças económicas da Ásia são mais propícios à mudança de mentalidade das gerações, que passam a ter o seu próprio pensamento e liberdade. A sua participação individualista nas viagens está bem patente nos resultados do inquérito, segundo os quais ***43,18%*** dos viajantes saíram sozinhos, deixando as suas famílias para trás, enquanto as viagens em grupo (***17,05%***) ou em família (***13,64%***) são muito inferiores às viagens individuais. Esta é uma motivação encorajadora para o turismo na Ásia, que pode aumentar gradualmente entre os turistas que saem do país.

QUADRO XI. TIPO DE VIAGEM DOS VIAJANTES

Tabela Cabeça	**Viajantes asiáticos Tipo de viagem**					
	Individual	***Grupo***	***Família***	***Parceiro de vida***	***Vizinho***	***Amigo /colega***
Tabela Cabeça	**Viajantes asiáticos Tipo de viagem**					
	Individual	***Grupo***	***Família***	***Parceiro de vida***	***Vizinho***	***Amigo /colega***
100	43.18	17.05	13.64	14.77	2.27	9.09

Quadros do inquérito por amostragem Q-2.

Capítulo - 5 NACIONALISMO E PERCEPÇÃO DE VIAGEM

5.1 NACIONALISMO E INFLUÊNCIAS COLONIAIS

5.1.1Consenso Nacional Asiático - Construção e Turismo

O nacionalismo é uma crença ou ideologia ou a partilha de um sentido comum de identidade, que está enraizado na civilização, na cultura e na tradição e que promove as pessoas a constituírem uma potencial nação. Sendo os asiáticos inerentemente igualitários, o nacionalismo é uma das suas principais consequências culturais. Uma vez que muitos invasores dominaram a maior parte do continente asiático, inúmeras relíquias históricas e ruínas de civilizações antigas permanecem espalhadas por toda a Ásia. Estas heranças têm uma história fundamental e fizeram com que as pessoas se apercebessem gradualmente, ao longo dos anos, do comportamento colonial e das percepções de tratamento injusto por parte dos invasores. Após a conquista da independência, o património do povo, transmitido às gerações seguintes, fez com que estas se apercebessem da sua própria fraqueza e inspirou-as a serem competitivas. É feliz o facto de as caraterísticas geográficas, sociais e estruturais serem, em geral, favoráveis e de as alterações demográficas, na sequência das lições aprendidas com a Segunda Guerra Mundial, terem sido favoráveis à maioria dos países asiáticos

através da adoção de políticas e estratégias económicas adequadas que conduziram ao atual crescimento sustentado. É a força vital dos países do Leste, do Sudeste e do Sul da Ásia para impulsionar a atual avaliação individualista. Embora a influência do colonialismo se torne ainda mais problemática, devido aos preconceitos sociais e culturais e à discriminação racial que faziam parte da sua ideologia subjacente, pode ainda ter um pequeno impacto no individualismo dos turistas, bem como nas percepções das famílias. De facto, "os povos colonizados são os últimos a despertar para a consciência nacional (***Memmi 1990:***)". Um sentimento de identidade nacional permite aos indivíduos "reconhecerem-se" a si próprios e aos outros e compreenderem o seu lugar ou estatuto na ordem mundial contemporânea ***(Smith 1991***). Além disso, as gerações actuais aprenderam a ser corajosas quando têm de o ser e a não se preocuparem com o amanhã (***Hannau 1977: 5-6***) devido ao seu atual sentido individualista. A história dos tempos do colonialismo forneceu às imagens da indústria do turismo as imagens necessárias para promover o povo como destino turístico. Por conseguinte, "não é uma coincidência o facto de os povos colonizados serem os últimos a despertar para a consciência nacional (***Memmi 1990)"*** dos povos asiáticos.

5.1.2 Motivação das gerações para viajar até à origem

Hoje em dia, os cenários culturais que os jovens herdaram caracterizam-se pela dependência psicológica, cultural e económica, e preparam-se para partilhar mais os conhecimentos sobre os colonizadores e as suas sociedades e sentem a aspiração à mobilidade social, que está a aumentar com o aumento gradual da solvência económica dos povos das regiões. A história dos dias do colonialismo está a fornecer às gerações as imagens necessárias dos colonizadores para promover o povo do país e selecionar destinos turísticos de acordo com a sua própria escolha. Como os "visitantes" coloniais trazem consigo as suas próprias identidades culturais e nacionais, imagens dos seus próprios ideais políticos, económicos e nacionais e, consequentemente, as suas mentes baseiam-se numa compreensão do seu mundo e não do mundo dos países que vão visitar. Esta imagem pode influenciar gradualmente a criação de uma motivação de viagem para que as gerações visitem o país de origem do seu longo período de domínio durante as colónias. Durante a Segunda Guerra Mundial, os soldados japoneses ocuparam a China. Apesar do domínio colonial, o número total de chineses que chegaram ao Japão durante o período de janeiro a outubro de 2013 foi de 2 011 800, o que representa um aumento de 80,3% em relação aos 1,42 milhões registados em 2012 ***(JNTO 2013)***. Embora alguns efeitos psicológicos do colonialismo continuem a ser problemáticos para a época colonial, atualmente já não existem fisicamente. Os preconceitos e a discriminação racial que faziam parte da sua ideologia subjacente no passado podem ainda ter um impacto na mente dos turistas e na perceção que os habitantes locais têm uns dos outros. Por outro lado, os viajantes europeus não se limitaram a manter relações económicas com o Sudeste Asiático, mas também impuseram o seu domínio político e, em alguns casos, cultural sobre os povos e territórios do Sudeste Asiático. Apesar disso, o colonialismo europeu anterior é considerado um grande pedaço da história do Sudeste Asiático, que agora se transformou numa importante fonte de turismo asiático e fornece imagens e glória prospetiva para o futuro avanço das pessoas nesta região, porque a "maioria dos antigos territórios coloniais pertence ao atual mundo em desenvolvimento ou Terceiro Mundo *(Memmi (1990)"*. O fascínio dos viajantes pelo mundo ocidental ou pelos países colonizadores está representado no Quadro IX, como se pode ver nos resultados do inquérito.

5.2 QUESTÕES DE DECISÃO E PERCEPÇÃO DA VIAGEM

5.2.1 Auto-realização e motivação para viajar

Devido a algumas mudanças no desenvolvimento socioeconómico da Ásia, alterações nos seus padrões de vida, auto-realização, individualismo, ciclos de vida demográficos e aumento do papel influente das comunidades ocidentais, tem-se verificado gradualmente uma mudança na motivação e na perceção das viagens dos asiáticos. Estão também a ser observadas mudanças nos valores sociais, nas caraterísticas culturais e nas normas tradicionais asiáticas. As amplas ligações sociais e interpessoais, a participação em diferentes tipos de actividades co-curriculares de diálogos globais, o estudo no estrangeiro e a aquisição de experiências através do bilinguismo, a diversidade étnica, os meios de comunicação social mundiais, a gestão de recursos internacionais, a imigração e a construção da sociedade civil são também factores influentes que influenciam o comportamento das pessoas, o desejo de auto-realização, a perceção e a motivação para viajar. Na verdade, as caraterísticas culturais e o desenvolvimento económico de alguns países asiáticos, especialmente as pessoas das regiões sudeste, sul e leste, estão a induzir uma maior aspiração a viajar para fora do país com o aumento da sua capacidade económica para fazer turismo, no sentido de uma maior auto-realização, auto-perceção e auto-motivação.

5.2.2 Impactos sócio-estruturais na tomada de decisões

medida que as sociedades se modernizam, ocorrem mudanças significativas na cultura tradicional e nas normas sociais. Nos últimos anos, as ideias ocidentais têm sido desafiadas por muitas práticas tradicionais nos países do Sudeste e do Leste Asiático ***(Inglehart & Baker, 2000)***. Embora os asiáticos herdem influências culturais profundamente enraizadas e as exibam na sua vida quotidiana, formando factores pré-determinados na sua perceção de viagem e na tomada de decisões, tem-se observado uma mudança entre os jovens viajantes asiáticos. As sociedades asiáticas são colectivistas e opõem-se ao individualismo desde cedo e os turistas estão mais ligados emocionalmente a grupos e desinteressados na procura de aventuras (***Pizam & Sussmann, 1995***). Nos últimos anos, os asiáticos, especialmente as gerações mais jovens, estão mais dispostos a viajar de forma independente do que as viagens organizadas das décadas anteriores ***(Balaz & Mitsutake 1998)***. Os resultados do inquérito revelam claramente um quadro de transformação. A influência contínua das interações globais com os ocidentais, o aumento do nível de vida, o desenvolvimento tecnológico e o desejo de partilhar experiências do mundo exterior, da sua sociedade e cultura e de fazer turismo, o padrão de viagem e o comportamento dos turistas asiáticos com muitas maneiras sociais estão a desaparecer. Hoje em dia, os valores sociais e culturais colectivistas dos asiáticos em matéria de viagens estão a transformar-se em valores mais individualistas e a aumentar o sentido de independência para ganhar experiências. O estudo revela que as percepções, os valores e as atitudes das jovens gerações asiáticas estão a mostrar as suas atitudes em relação à vida prática dos desejos humanos de conhecer e ver o mundo, de acordo com as suas próprias intenções e opiniões. Nos resultados do inquérito, os viajantes expressam a sua própria intenção de viajar de forma individualista. Verifica-se que o melhor modo de viajar para os viajantes asiáticos é "saber mais sobre a Ásia", o que é apoiado por ***34,09%*** dos inquiridos, seguidos por ***10,23%*** dos inquiridos que estão dispostos a adquirir mais experiências com os diferentes valores culturais asiáticos. O segundo modo mais elevado de viajar dos asiáticos é o de ***18,18%***, que dá mais ênfase a viajar pelos locais turísticos famosos. Os desejos de viagem mais interessantes dos casais asiáticos são a lua de mel e o lazer, com ***7,96%*** e ***6,82%***, respetivamente. Estes motivos foram introduzidos na cultura asiática a partir do mundo tradicional ocidental devido às alterações dos estilos de vida económicos e sociais na Ásia. Os padrões de estilo de vida socioeconómico das sociedades asiáticas são muito afectados pelas regras coloniais ocidentais e pelo longo período de associação com a sua própria cultura e a cultura local. Esta mistura de ambas as culturas influenciou conjuntamente a criação de uma imagem combinada do turismo asiático, a escolha de destinos e a tomada de decisões. Na verdade, o desenvolvimento económico sustentável da Ásia, as mudanças bruscas nas caraterísticas sócio-estruturais tradicionais asiáticas e a consideração psicológica da mentalidade são coletivamente responsáveis e actuam sobre o povo asiático na tomada de decisões turísticas e no aumento das suas percepções de viagem indiretamente para visitar as suas raízes coloniais, pelas quais foram dominados pelos seus legados coloniais.

QUADRO XII. O MELHOR MODO DE VIAJAR DOS VIAJANTES ASIÁTICOS

Tabela Cabeça	**Melhor meio de transporte do inquirido para viajar para o estrangeiro**						
	Saber mais Ásia	*Ver algo especial*	*Economia Viajar*	*Participativo*	*Visão Ver*	*Ganhar experiência cultural*	*Lua de Mel*
100	34.09	1.14	5.68	0.0	6.82	10.23	7.95

Continuação..

Negócios/ StudyTours	*Conhecer Familiares*	*Visitas de oportunidade*	*Estado de ganho/ganho*	*Desfrutar Lazer*	*Visita a locais turísticos famosos*
Negócios/ StudyTours	*Conhecer Familiares*	*Visitas de oportunidade*	*Estado de ganho/ganho*	*Desfrutar Lazer*	*Visita a locais turísticos famosos*
3.41	3.41	2.27	0.0	*6.82*	18.18

Quadros do inquérito por amostragem Q-11.

Capítulo - 6 ASIAN OUTBOUND MODO DE VIAGEM E FACTORES DE MARKETING

6.1 TRANSFORMAÇÃO SOCIOECONÓMICA DOS ORÇAMENTOS TURÍSTICOS

Como já foi referido, a atual capacidade turística alcançada pelos povos asiáticos é o resultado da transformação económica e social gradual das sociedades asiáticas ao longo dos anos. Por outro lado, o impacto do colonialismo actuou sobre a imagem do turista contemporâneo entre os povos dos países industrializados e em desenvolvimento da Ásia, em especial a maioria dos turistas provém dos países ricos, como os asiáticos, dependendo do turista contemporâneo aplicável. Embora a mentalidade global de viagem dos turistas dependa de muitos outros factores que afectam a sua consideração no que diz respeito a questões geográficas, paisagísticas, sociais, culturais, políticas, regras de imigração, etc., o fator básico que influencia a redução ou expansão do turismo é o crescimento económico do país. Os mercados emergentes asiáticos são a China, a Índia, a Malásia, a Tailândia, a Indonésia, as Filipinas e o Vietname. Por outro lado, as economias desenvolvidas são o Japão, o Sul Coreia, Taiwan, Hong Kong e Singapura. Para examinar o nível dos orçamentos de despesas dos turistas para o plano de marketing, foram feitas perguntas aos inquiridos. A partir dos resultados do inquérito, verificou-se que ***29,55%*** dos turistas planeavam gastar dinheiro em marketing abaixo de 20% do seu orçamento total de viagem, enquanto ***38,64%*** dos inquiridos estavam dispostos a gastar em marketing entre 21 e 30% do seu orçamento total de viagem, seguidos de ***20,45%*** entre 31 e 40%. Apenas ***11,36%*** dos turistas pretendiam gastar dinheiro em marketing acima de 40% dos seus orçamentos totais. Isto significa que os orçamentos de marketing dos turistas asiáticos não são muito significativos em comparação com os dos ocidentais.

QUADRO XIII. MARKETING* DO ORÇAMENTO TOTAL DO TURISMO

Tabela	Viajantes asiáticos estabelecem limite para marketing

Cabeça	*Total*	*Inferior a 20%*	*21-30%*	*31-40%*	*40%+*
	100	29.55	38.64	20.45	11.36

* O marketing inclui compras e alimentação. Quadros do inquérito por amostragem Q-14.

Capítulo - 7 COMUNICAÇÃO E IMPACTOS TECNOLÓGICOS NO TURISMO

7.1 IMPACTO DAS TECNOLOGIAS MODERNAS NA DECISÃO TURÍSTICA

Atualmente, as tecnologias inovadoras, as comunicações móveis e a Internet desempenham um papel importante na vida quotidiana da maioria das pessoas e têm um impacto significativo no turismo e no marketing turístico. A acessibilidade a vários meios de comunicação emergentes e a velocidade da comunicação alteraram não só os contextos culturais e locais de vida das pessoas, mas também estabelecem relações interpessoais. Esta tecnologia moderna favorece as pessoas, especialmente as gerações mais jovens, a escolherem os seus destinos turísticos de acordo com a sua própria opção. Com o crescimento e o desenvolvimento das tecnologias da informação e da comunicação, as relações, as comunidades e as culturas foram dramaticamente afectadas, especialmente em resultado da crescente acessibilidade e velocidade das plataformas de comunicação (***Ko-Hsun Huang e Yi-Shin Deng***). No entanto, à medida que as pessoas incorporam estas tecnologias emergentes nas suas interações sociais, isto resulta numa tendência para perder o contacto com as nuances sociais, os valores culturais e as caraterísticas das sociedades tradicionais. Afirma-se que as actividades sociais estão intrinsecamente inseridas num contexto cultural. As caraterísticas culturais de uma sociedade devem ser uma questão-chave no desenvolvimento de interações que, direta ou indiretamente, ajudem a geração a dar prioridade aos destinos de viagem e turismo entre centenas de alternativas, enquanto estão economicamente solventes e mentalmente preparados para realizar viagens em qualquer parte do mundo. A partir dos resultados do inquérito, verifica-se que ***37,50%*** dos inquiridos utilizaram a tecnologia moderna para descobrir o destino e o alojamento esperados, seguidos de ***22,23% de*** turistas que utilizaram os anúncios na Internet, enquanto ***19,32% dos*** turistas inquiridos dependem da comunicação pessoal. Apenas ***13,64%*** dos turistas utilizaram os guias turísticos. A utilização das tecnologias modernas na utilização das instalações turísticas varia consoante a capacidade e as infra-estruturas disponíveis em cada país.

QUADRO XIV. MELHOR PROCEDIMENTO PARA DESCOBRIR O DESTINO TURÍSTICO

Tabela Cabeça	Utilização do procedimento para descobrir o destino turístico					
	Total	*Viagens Guias*	*Publicidade no Web*	*Pessoal Comunicação*	*Utilização de tecnologia moderna*	*Outros*
	100	13.64	22.73	19.32	37.50	6.82

Quadros do inquérito por amostragem Q-13.

Capítulo - 8 OBSERVAÇÕES FINAIS

O turismo é um dos sectores mais importantes das economias dos países asiáticos. Muitos países da Ásia têm vindo a registar mudanças rápidas em termos de desenvolvimento económico, crescimento demográfico e urbanização, transformação social, desenvolvimento tecnológico e partilham um diversidade económica comum. Esta situação alargou a interdependência entre os países em termos de recursos naturais, finanças e comércio. Dado que a Ásia tem sido tradicionalmente uma zona de destino turístico atractiva devido às suas caraterísticas diversificadas, será uma das principais fontes de viagens de saída, bem como de destinos de chegada de visitantes internacionais. As oportunidades de comercialização dos turistas potenciais para as empresas relacionadas com as viagens poderão ser alargadas, tornando-as mais atractivas para melhorar o nível de vida das populações deste continente. Para identificar a verdadeira natureza das caraterísticas socioculturais dos povos asiáticos, a sua acentuada transformação social e concretizar as suas principais intenções de turismo para expansão do mercado a nível mundial, é necessária uma investigação mais articulada. De facto, o número crescente de turistas asiáticos será, no futuro, a principal fonte de energia turística em todo o mundo, aumentando o volume de viajantes emissores e elevando a capacidade económica.

Para o desenvolvimento do turismo e para receber mais turistas, muitos países em todo o mundo fazem acordos de compactação ou de negócios ou reforçam a cooperação regional entre si. Esta cooperação oferece-lhes grandes oportunidades de criar um ambiente propício a viagens fáceis e ao desenvolvimento do turismo, contribuindo para a riqueza, a sustentabilidade e uma melhor compreensão e cooperação além-fronteiras. A realidade atual do turismo mundial mudou. Agora, as jovens gerações estão a sair mais de casa com a sua mentalidade indomável de viajar, assim como o número de mulheres que viajam sozinhas está a aumentar gradualmente. Prevê-se que as viagens de África, do Médio Oriente e da Ásia-Pacífico cresçam exponencialmente na próxima década, uma vez que os governos de todo o mundo se aperceberam de que os obstáculos às viagens não estão a tornar as pessoas e os países mais seguros, mas sim a impedir o crescimento económico, a criação de emprego e a tolerância entre países. Por isso, estão empenhados em cooperar entre si de todas as formas possíveis. Quem poderá dizer que todos estes pequenos passos ou intenções de turismo não farão com que as pessoas de todo o mundo se unam num só laço para lutarem em conjunto pelo bem-estar e pelo desenvolvimento humano mundial?

Apêndices

REFERÊNCIAS:

[1] Marcia Carteret, M. Ed. (2011); 'Culturas Asiáticas, Valores Culturais de Pacientes e Famílias Asiáticas: Dimensões da Cultura: Comunicações interculturais para profissionais de saúde";

[2] Am J. Phys Anthropol. (2002), Jun, 118(2):146-53; 'Extreme mDNA Homogeneity in Continental Asian Populations', Oota H(1), Kitano T, Jin F, Yuasa I, Wang L, Ueda;

[3] Ko-Hsun Huang & Yi-Shin Deug (2008);'Social Interaction Design in Cultural Context: A case Study of a Traditional Social Activity", Vol-2 & No-2;

[4] Arthur Hu (1985); 'An Introduction to Basic Asian Values' publicado em Hu's What's on First, Weird Staff Asians'; Blogue sobre educação asiático-americana... 25 de abril de 2012;

[5] Feng Yi Huang (Capítulo-14); 'O papel dos mochileiros ocidentais e asiáticos em Taiwan: Behaviour, Motivations and Cultural Diversity' Dec 5, 2007';

[6] Hilary du Cros (2014); 'New Models of Travel Behaviour for Independent Youth Urban Cultural Tourists', Working Paper Series No-217;

[7] Organização Mundial do Turismo: "UNWTO Tourism Highlights" (2014), Edição de 2014, p-177;

[8] Kim, Bryan S. K.; Yang, Peggy H.; Aykuison, Donald R., Wolfe, Maren M.; Hong, Sehee (2001),'Cultural Diversity & Ethnic Minority Psychology, Feature' Article (2015), Vol-7 (4) 343-361;

[9] Wikipédia, a Enciclopédia livre (2013), 'World Tourism Rankings';

[10] Wikipédia, a Enciclopédia livre (2013), "Esfera Cultural da Ásia Oriental";;

[11] Clobert, M., Saroglou, V., Hwang, K.-K. & Soong, W.-L. ((xxxx); 'East Asian Religious Tolererance: A Myth or a Reality ? Emperical Investigations of Religious Prejudice in East Asian Socities", Journal of Cross-Cultural Phychology", xx, xx-xx;

[12] Arthur Hu, (abril de 2012): "Introdução aos valores asiáticos básicos",. Perspectivas de Desenvolvimento Asiático 2014: Política Fiscal para o Crescimento Inclusivo, Publicação": abril de 2014; publicado em 'Dimensions of Culture;

[13] Perspectivas Económicas Regionais, Ásia (28 de abril de 2011): 'Robust Growth, But Inflation Causing Concern', Inquérito do FMI em linha:

[14] Tina Aridas & Valentina Pasquali (2013); Countries with the Highest GDP Average Growth, 2003-2013;

[15] Base de dados económica mundial do FMI (2013); "Cumulative real GDP growth, 1990-1998 and 1990-2006 in selected countries", ver também Wikipedia, "List of countries by real GDP growth rate";

[16] BBC News Asia (30 de janeiro de 2014): "Asian Global Travel Boom";

[17] Perspectivas Económicas Regionais (28 de abril de 2011): 'Asia: Robust Growth, But Inflation Causing Concern", Inquérito do FMI em linha;

[18] Barton, Thomas F., Robert C. Kingsbury e Gerald R. Showalter (1970): 'Southeast Asia in Maps', Chicago, Denoyer-Geppert Company;

[19] ITB World Travel Trends Report (2014/2015): "Elaborado pela IPK International em nome da ITB Berlin

[20] Desmond Choong, Dr. Yuwa Hedrick-Wong (2014): "The Future of Outbound Travel in Asia/Pacific", p-21;

[21] Jan Servaes (2003): 'Communication for Development and Social Change, SAGE Publications by arrangement with UNESCO and Jan Servaes';

[22] Barbara Schneider & Youngsook Lees (1990): 'The East Asian cultural Tradition', American Anthropology & Education Quarterly', Wiley-Blackwell, Vol 21, p358-77;

[23] Eeuroculturer (25 de maio de 2014): 'Lost in Freedom? O dilema de ter demasiada liberdade"; The Euroculture Magazine;

[24] Clobert, M., Saroglou, V., Hwang, K.-K., & Soong, W.-L. (2011):. 'East Asian religious tolerance: A Myth or a Reality? Investigações empíricas sobre o preconceito

religioso nas sociedades da Ásia Oriental";

[25] Asian Development Outlook do BAD (abril de 2014): "Fiscal Policy for Inclusive Growth", Banco Asiático de Desenvolvimento;

[26] Folha de Dados da População Mundial 2013:

[27] Taxa de crescimento anual do PIB - Países - Lista (2015): Tabela com dados de indicadores económicos de vários países, EuroStat;

[28] Tina Aridas & Valentina Pasquali (março, 2013): "Países com o maior crescimento médio do PIB", 2003-2013;

[29] Organização Mundial do Turismo (OMT) 2014: Destaques do Turismo da OMT, edição de 2014;

[30] Wiki, Forked, Proteus: "Métodos filosóficos da filosofia oriental";

[31] O Eurocultor (2014): Revista Euro Culture;

[32] Wikipédia: Diferenças interculturais na tomada de decisões;

[33] Ko-Hsun Huang e Yi-Shin Deng (2008): 'Social Interaction Design in Cultural Context: A Case Study of a Traditional Social Activity, International Journal of Design', Vol 2, No 2, -81-96, 2008;

[34] Instituto de Estatística da UNESCO, (UIS) (2011): 'Adult and Youth Literacy by country, National, regional and global trends', 1985-2015;

[35] Friedrich Huebler (10 de maio de 2008): "International Education Statistics Analysis", UNESCO;

[36] Matthew Schieltz, colaborador do eHow: 'How to Reduce Prejudice & Decimation Against Other Social Groups' (Como reduzir o preconceito e a dizimação contra outros grupos sociais); Revista People of our everyday life;

[37] Greg Richards (2011): 'Tendências do Turismo: Tourism, Culture and Cultural Routes"; artigo 37, novembro de 2014;

[38] Liping A. Cai ( ): Japanese Female Travelers - A Unique Outbound Market; Asia-

Pacific Journal of Tourism Research, 5(1), 16-24;

[39] Srrimas Somboon (2011): "Similarities in SEA", TSEA P1, Sheridon.

QUADROS DE INQUÉRITO

Q-1: Identidade de género dos viajantes			**Sexo dos membros acompanhados**		
Total	Masculino	Feminino	Total	Masculino	Feminino
100.00	59.09	40.91	100.00	43.66	56.34

Q-2 Tipo de viagem						
Total	Individual	Grupo	Família	Parceiro de vida	Vizinho	Amigo/colega
100.0	43.18	17.05	13.64	14.77	2.27	9.09

Q-3: Frequência de deslocação									
Primeira viagem ao estrangeiro			Anterior viajar pela natureza						
1st tempo	2nd tempo	Tempo múltiplo	Individual	Grupo	Família	Parceiro de vida	Vizinho	Amigo/colega
9.09	30.68	60.23	26.58	17.72	16.46	25.32	0	13.92

Q-4: A melhor experiência de charme na primeira viagem ao país de chegada							
Total	A calorosa hospitalidade do país	Pessoas amigáveis	Participação social/cultural	Ganhar novas experiências	Turismo barato/embalado	Comida barata	Turismo sexual
100.00	3.41	11.36	13.64	26.14	10.23	1.14	1.14

Continuar....

Lazer agradável	Passeios	Lua de mel	Valor do país

	turísticos		
9.09	14.77	6.82	2.27

Q-5: Lealdade à família				**Tipo de família/local de residência dos inquiridos**				
Total	Muito	Moderado	Nenhum	Total	Família Central	Família alargada	Sem família	Com outros
100.00	65.91	30.68	3.41	100.00	53.41	36.36	4.55	5.68

Q-6: Tipo (categoria) de família a que pertence:				
Total	Família tradicional	Família moderna	Família religiosa	Não fazer ideia
100.00	55.68	27.27	13.64	3.41

Q-7: Partilha do plano de viagem com outros, tomada de decisões e grau de liberdade									
Partilhar a viagem com a família				Tomada de decisões dos inquiridos em matéria de viagens		Grau de liberdade na tomada de decisões			
Total	Sim	Parcial	Não	Sim	Não	Total	Soberano	Parcial	Nenhum
100.0	78.41	7.95	13.64	69.32	30.68	100.0	54.54	23.86	21.59

Q-8: Anos de aquisição de capacidade económica, viagens internas e frequência de viagens									
Anos de aquisição de capacidade económica				Viagens internas		Frequência das viagens internas dos membros da família			
Total	1-2 anos.	3-5 anos.	Mais de 5 anos.	Sim	Não	Total	1-2 vezes	3-5 vezes	>5 vezes
100.0	37.50	40.91	21.59	80.68	19.32	100.0	20.45	25.00	35.23

Continuar....

Incentivado por viagens internas anteriores (Q-8: Continuar.)		
Total	Sim	Não
100.00	17.05	82.95

Q-9: Viagens de saída dos idosos mais cedo			Q-10 couni	Tipo de expetativa de tratamento na tentativa de chegada/destino					
Total	Sim	Não	Total	Hospitalidade atractiva	Informações exactas	Bem transport+commu	Segurança e proteção	Hotéis baratos	Comida deliciosa
100.0	35.23	64.77	100.0	23.86	13.64	19.32	20.45	15.91	6.82

Q-11: O melhor modo de viajar pela Ásia						
Total	Saber mais sobre a Ásia	Ver algo especial	Viagem barata/ pacote económico	Participativo	Passeios turísticos	Experiência cultural
100.00	34.09	1.14	5.68	0.00	6.82	10.23

Continuar....						
Lua de mel	Negócios/ oficial/ estudo	Conhecer familiares	Aproveitar a oportunidade dada	Basta visitar o estado de aumento	Desfrutar do lazer	Visitar pontos turísticos famosos
7.95	3.41	3.41	2.27	0.00	6.82	18.18

Q-12: Tem alguma intenção de visitar outros países para além da Ásia? Motivos da sua viagem						
Tenciona visitar outros países para além da Ásia			Razões para visitar outros países para além da Ásia			
Total	Sim	Não	Ganhar novas	Desfrutar do	Visitas	Estudo/oficial/negócios

			experiências	lazer	turísticas	
100.00	78.41	21.59	23.86	4.55	9.09	2.27

...Continuar...					
Tratamento	Ver mundo ocidental	Encontrar familiares/amigos	Oportunidade dada	Ver pontos turísticos famosos	Outros
0.00	15.91	4.55	2.27	15.91	0.00

Q-13: Qual o procedimento que melhor ajudou a encontrar o destino/acomodação adequado?					
Total	Guias de viagem	Publicidade/pacote turístico	Comunicação pessoal	Utilização de tecnologias modernas/sítio Web	Outros
100.00	13.63	22.73	19.32	37.50	6.82

Q-14: Marketing do orçamento total da digressão					Q-15: Gostar do país colonizador				
Total	Inferior a 20%	21-30%	31-40%	40+ %	Sim	Não	Alguns	Muito	Ódio
100.0	29.55	38.64	20.45	11.36	67.05	32.95	53.41	13.64	32.95

Questionário

Questionário de inquérito do estudo: Parte II

(APENAS PARA O CONTINENTE ASIÁTICO) (copiado resumidamente do questionário original)

1. País do viajante:........................ , Idade:..., Sexo: .Masculino,
   Feminino. Número de acompanhante: ......M, ...F

2. Tipo de viagemλ...Individual,....Grupo, ... Família, ... Parceiro de vida, Vizinho, Amigo/Colega

3. Frequência de viagem:Primeira vez,.Segunda vez,..... Várias vezes. Natureza da viagem anterior

(apenas 1st viagem no tempo):.................. Individual,... .grupo, Familiar Parceiro de vida, ... Vizinho,... Amigo/Colega

4. A sua melhor experiência de charme em 1st viajar no país de chegada: ..hospitalidade calorosa do país, Amigável

pessoas,...Participação social/cultural, ...Ganhar várias experiências novas,.... Turismo barato,...Barato

comida, ...Turismo sexual,...Lazer agradável,...Passeios turísticos,...Lua de mel, ...Valores

5. Até que ponto se sente leal à sua família: ...Muito, ...Moderado, ...Nenhum. Tipo de família em que vive: ...Família central,...Família alargada,....................................... Sem família (solteiro), Com outros

6. A que tipo de família pertence: ...Tradicional, ...Moderna, ...Religiosa, ... Não faço ideia

7. Partilhou o plano de viagem com a família: Sim, ...Parcialmente,...Não. Tem liberdade para tomar as suas próprias decisões relativamente à viagem: Sim, Não. Até que ponto a sente:...Soberana,...Parcial, Nenhuma

8. Há quantos anos tem capacidade económica para viajar para fora do país: .... 1-2 anos

   3-5 anos, ...5+ anos. Viajou dentro do seu país: ... Sim, ... Não. Quantas vezes foi encorajado(a) a viajar para fora do seu país: Sim, Não

9. Algum membro da sua geração anterior visitou o estrangeiro antes da sua 1st viagem. Sim... Não

10. Que tipo de tratamento turístico espera mais no seu país de chegada: Atractivohospitalidade,

..Informações corretas e precisas sobre os pontos turísticos, ...Bom transporte & comunicação,...redes de segurança e proteção,...alojamento barato, ... comida e bebida deliciosas.

11. O melhor modo de viajar para a Ásia: ....Saber mais sobre a Ásia,.. Ver algo especial/extra -

comum, ... Viagens baratas e dentro da capacidade económica, ... Participativo,...Passeios turísticos, ... Ganhar experiências culturais,....Lua de mel,....Empresas⁄Estudo,....Reunir-se com familiares/amigos, ... Aproveitar a oportunidade dada, ... Apenas visitar o país⁄elevar o estatuto, ... Desfrutar do lazer

Visitar locais famosos.

12. Tenciona visitar outros países para além da Ásia: ... Sim, ... Não. O melhor motivo da sua viagem: ... Adquirir experiências de sociedades em desenvolvimento, ... Desfrutar de tempo de lazer, ... Passeios turísticos ... Estudo/negócios, ...Tratamento, ... Ver o mundo ocidental ... Encontrar familiares/amigos, ...Dada a oportunidade... Locais famosos

13. Qual o procedimento que melhor o ajudou a descobrir o seu país de destino e alojamento:... Guias de viagem,...Anúncios na Internet,...Comunicação pessoal, Utilização de tecnologias modernas,...Outros

14. Plano de marketing (incl. loja e comida) (%) do seu orçamento turístico: ...abaixo de 20, ..21-30,...31-40,... Mais

15. Gosta do seu país colonizador:...Sim, ...Não. Se sim, nível de gosto: Muito, Algum, Detesto.

Sim, Não. Se sim, qual o nível de gosto: ....Muito, ...Algum, Detesto

Questionário-1:

Um estudo sobre a procura e os factores comportamentais dos turistas

(copiado do questionário original)

1. Nome (nick) do inquirido: ....(M / F, assinalar um) País de residência: ....

2. Idade do inquirido:..., Último país de partida: ....Membro acompanhado: M / F (assinalar)

3. País de partida: .... Nextattraction No próximo ano tem algum plano para visitar pela primeira vez <u>fora da Ásia</u>: Sim ....Não..Que <u>região</u>

pretende visitar: EUA......................................, Europa

4. Noite(s) de estadia atual(is):...,Em caso de mudança pré-planeada duração: noite (+)., (-)...

5. Que consideração teve em primeiro lugar para mudar a sua decisão de permanecer numa situação de turbulência (máximo

2 prioridades):. Ler a situação e decidir, Procurar uma saída, Decidir de acordo com o orçamento, Pensar na sua própria segurança e ficar até estar normal, Arriscar e partir, Visitar um local seguro:..., Consultar a embaixada do país de origem:., Apoio de agentes:., Especificar outras ideias

6. Número de lugares visitados:...,Indique uma das atracções preferidas que mais lhe agrada: a Tipo de viagem: a.Pacote de férias...,b.Pacote normal..., Não pacote. c. Autónomo...

7. Qual(is) a(s) sua(s) atração(ões) preferida(s): a. Eventos participativos:, b. Passeios turísticos:, c. Visita a

relíquias históricas, Cultura & Tradição:., d. Arquitetónico:. e. Não ter uma escolha particular.

8. Que prioridade considerou em primeiro lugar no planeamento da sua viagem: a. país: ....b. Atração local: ....

9. Considerou seriamente a sua capacidade económica na sua fase de planeamento: a. Sim ....b. Não: Razões

para o turismo (Assinalar no máximo 2 razões principais): a. Rota fácil: , b. Menor custo: ...., c. Emocional: .... d.

Visita pessoal.............e. Cultural:,! Ligação familiar...g. Educação:., h. Tratamento:.,!

Negócios/profissionais:.,k. Recreação:., l. Desportos e jogos:.,m. Outros:...

10. Qual delas o inspirou mentalmente a escolher um destino: a. Auto-realização:.,b. Partilha de oportunidades..., c. Informação da Web...,d. Pacote atrativo.,e. Decisão familiar repentina.,f. Inspirado por outros..

11. Principal fator dependente da seleção do destino (assinalar um): a. Website, b. Assistência oficial , c.

Amigo/parente..., d. Agentes de viagens..., e. Experiência anterior..., Escolha própria/familiar...

12. Instalações de alojamento: a. Excelente:..., b. Razoável:.., c. Insuficiente: ..., d. Fraco:...

13. Gama preferível (US$) a. 300+:.b.201-300:. b.151-200:., c. 101-150:. d. 51-100:. e. 25-50:.

14. Alimentos preferidos: a. País...,b. Asiático...,c. Preço dos géneros alimentícios: Alto/razoável/barato

15. Artigos de compra preferidos: a. Lembranças:..., a.Vestuário:..., b. Ornamentos:.c. Artigos baratos:.Cultura/artesanato Lojas preferidas: a. Bancas abertas..., b. Pequeno centro...,c. Loja de departamentos.,c. Grande centro.

16. Viajar de avião: a. Custo elevado:., b. Custo médio:..., c. Custo baixo: , d. Viajar por terra:...

17. Procurou um bilhete barato: a...Sim, bNão . Passos:...Verificar várias tarifas,...Pedir ao agente

Número de dias de reserva antes da viagem: a..90 dias, b.60 dias, c.30 dias, d.15 dias, 1 semana

18. Preferência das companhias aéreas: a. Asiática..., b. Europeia..., c. Australiana..., d. EUA... e. Africana...

19. Em que medida se sentem seguros quando viajam em turismo: a. Não se incomodam, b... Teme um pouco, c... Evita a região do terrorismo, d. As companhias aéreas estão preocupadas e sentem-se seguras, e. Qualquer outro ....

20. Conhece bem todos os principais pontos turísticos a.Sim.,b. Não.,c.Alguns sítios. Futura viagem:EUA/Eur/

21. Está a viajar de avião pela primeira vez: a..sim, b..Não. ou Membro acompanhado: Sim, Num:.

22. Qual é a sua reação atual à hospitalidade: a. Muito satisfeito:..., b. Satisfeito:..., c. Moderado:...

23..Guardou algum dinheiro extra para despesas anormais/ocultas, se necessário, enquanto decide ser turista(s): a. Sim., b. Não., Se sim, % do orçamento total: 5-10%..... ,..... 11-20% , 22-30% , 30+% ....

Anexo 1

Publicações

Perspectivas de Desenvolvimento da Ásia (ADO) 2014: Política fiscal para um crescimento inclusivo

Publicação | abril de 2014

Os países em desenvolvimento da Ásia continuarão a registar um crescimento económico estável em 2014, uma vez que o aumento da procura por parte das economias avançadas em recuperação será ligeiramente atenuado pela moderação do crescimento na República Popular da China.

Prevê-se que a Ásia em desenvolvimento continue a registar um crescimento estável. Prevê-se que o crescimento da região aumente de 6,1% em 2013 para 6,2% em 2014 e 6,4% em 2015. A moderação do crescimento na República Popular da China (RPC), à medida que a sua economia se ajusta a um crescimento mais equilibrado, compensará, em certa medida, a maior procura esperada dos países industrializados, à medida que as suas economias recuperam.

Os riscos para as perspectivas foram atenuados e são controláveis. A alteração da política monetária nos Estados Unidos poderá provocar alguma volatilidade nos mercados financeiros, embora atenuada pela política monetária acomodatícia no Japão e na zona euro. As perspectivas de crescimento regional dependem da continuação da recuperação nas principais economias industriais e do facto de a RPC conseguir conter o crescimento do crédito interno sem problemas.

O aumento das disparidades de rendimento na Ásia em desenvolvimento reforça a necessidade de uma maior utilização da política orçamental para promover a igualdade de oportunidades. Embora a região tenha beneficiado de prudência orçamental no passado, prevê-se que os desafios demográficos e ambientais venham a competir pelos recursos públicos nos próximos anos. Para aumentar a despesa pública em programas que promovam a equidade, como a educação e a saúde, sem comprometer a sustentabilidade orçamental, as autoridades terão de explorar uma vasta gama de opções para mobilizar receitas e integrar objectivos de equidade nos seus planos orçamentais.

Mensagens-chave

- O produto interno bruto (PIB) da Ásia em desenvolvimento registou uma expansão constante de 6,1 % em 2013, ao mesmo ritmo que no ano anterior.
- As principais economias industriais - os EUA, os membros da zona euro e o Japão - registaram um crescimento coletivo de 1,0% em 2013. Prevê-se que esta dinâmica acelere para 1,9% em 2014 e 2,2% em 2015.
- A produção na RPC registou um crescimento de 7,7% em 2013, igualando o desempenho do ano anterior. No entanto, o crescimento deverá abrandar um pouco nos próximos anos, uma vez que a política promove um crescimento mais equitativo, sustentável e equilibrado.
- Os baixos preços mundiais dos produtos de base continuam a aliviar a pressão sobre os preços no consumidor, permitindo que a inflação diminua para 3,4% na Ásia em desenvolvimento.
- O excedente da balança corrente da região estabilizou, depois de ter caído continuamente desde o seu pico em 2007.
- Os riscos para as perspectivas foram atenuados e a Ásia em desenvolvimento pode geri-los.
- Durante o recente período de flexibilização quantitativa dos EUA, os países que permitiram que as entradas de capital alimentassem a apreciação da taxa de câmbio real e prejudicassem as suas balanças de transacções correntes são mais vulneráveis ao risco de saídas de capital desestabilizadoras.
- Para as economias dependentes de recursos naturais, as oscilações dos preços dos produtos de base são mais importantes do que a volatilidade dos fluxos de capitais.
- A política orçamental pode ajudar a região a combater o aumento das desigualdades, promovendo a igualdade de oportunidades.
- As despesas públicas com a educação, os cuidados de saúde e as transferências diretas podem contribuir para a equidade, mas a Ásia gasta menos do que as economias avançadas nestas áreas e também do que os seus pares na América Latina.
- O planeamento estratégico e as políticas inovadoras podem contribuir para uma política orçamental mais inclusiva na Ásia.

Anexo 2

Growth rate of GDP (% per year)

Subregion/Economy	2011	2012	2013	2014	2015
Central Asia	6.8	5.6	6.5	6.5	6.5
Azerbaijan	0.1	2.2	5.8	5.0	4.8
Kazakhstan	7.5	5.0	6.0	6.0	6.4
East Asia	8.2	6.6	6.7	6.7	6.7
China, People's Rep. of	9.3	7.7	7.7	7.5	7.4
Hong Kong, China	4.8	1.5	2.9	3.5	3.6
Korea, Rep. of	3.7	2.0	2.8	3.7	3.8
Taipei,China	4.2	1.5	2.1	2.7	3.2
South Asia	6.4	4.7	4.8	5.3	5.8
Bangladesh	6.7	6.2	6.0	5.6	6.2
India	6.7	4.5	4.9	5.5	6.0
Pakistan	3.7	4.4	3.6	3.4	3.9
Sri Lanka	8.3	6.3	7.3	7.5	7.5
Southeast Asia	4.8	5.7	5.0	5.0	5.4
Indonesia	6.5	6.3	5.8	5.7	6.0
Malaysia	5.1	5.6	4.7	5.1	5.0
Philippines	3.6	6.8	7.2	6.4	6.7
Singapore	6.0	1.9	4.1	3.9	4.1
Thailand	0.1	6.5	2.9	2.9	4.5
Viet Nam	5.9	5.2	5.4	5.6	5.8
The Pacific	8.9	6.1	4.8	5.4	13.3
Fiji	2.7	1.7	3.6	2.8	3.0
Papua New Guinea	11.3	7.7	5.1	6.0	21.0
Developing Asia	7.4	6.1	6.1	6.2	6.4

The Pacific	8.9	6.1	4.8	5.4	13.3
Fiji	2.7	1.7	3.6	2.8	3.0
Papua New Guinea	11.3	7.7	5.1	6.0	21.0
Developing Asia	7.4	6.1	6.1	6.2	6.4

Major industrial economies	1.3	1.3	1.0	1.9	2.2

Notes: Developing Asia refers to the 45 members of the Asian Development Bank. Central Asia comprises Armenia, Azerbaijan, Georgia, Kazakhstan, the Kyrgyz Republic, Tajikistan, Turkmenistan, and Uzbekistan. East Asia comprises the People's Republic of China; Hong Kong, China; the Republic of Korea; Mongolia; and Taipei,China. South Asia comprises Afghanistan, Bangladesh, Bhutan, India, the Maldives, Nepal, Pakistan, and Sri Lanka. Southeast Asia comprises Brunei Darussalam, Cambodia, Indonesia, the Lao People's Democratic Republic, Malaysia, Myanmar, the Philippines, Singapore, Thailand, and Viet Nam. The Pacific comprises the Cook Islands, Fiji, Kiribati, the Marshall Islands, the Federated States of Micronesia, Nauru, Papua New Guinea, Palau, Samoa, Solomon Islands, Timor-Leste, Tonga, Tuvalu, and Vanuatu.

Anexo 3

ADO 2014-Destaques

Prevê-se que a Ásia em desenvolvimento continue a registar um crescimento estável. Prevê-se que o crescimento da região aumente de 6,1% em 2013 para 6,2% em 2014 e 6,4% em 2015. A moderação do crescimento na República Popular da China, à medida que a sua economia se ajusta a um crescimento mais equilibrado, compensará, em certa medida, a maior procura esperada dos países industrializados, à medida que as suas economias recuperam. Os riscos para as perspectivas foram atenuados e são controláveis. A alteração da política monetária nos Estados Unidos poderá provocar alguma volatilidade nos mercados financeiros, embora atenuada pela política monetária acomodatícia no Japão e na zona euro. As perspectivas de crescimento regional dependem da continuação da recuperação nas principais economias industriais e do facto de a República Popular da China conseguir conter o crescimento do crédito interno sem problemas. O aumento das disparidades de rendimento na Ásia em desenvolvimento reforça a necessidade de uma maior utilização da política orçamental para promover a igualdade de oportunidades. Embora a região tenha beneficiado da prudência orçamental no passado, prevê-se que os desafios demográficos e ambientais venham a competir pelos recursos públicos nos próximos anos. Para aumentar a despesa pública em programas que promovam a equidade, como a educação e a saúde, sem comprometer a sustentabilidade orçamental, as autoridades terão de explorar uma vasta gama de opções para mobilizar receitas e integrar objectivos de equidade nos seus planos orçamentais.

Mensagens-chave

• O produto interno bruto (PIB) da Ásia em desenvolvimento registou uma expansão constante de 6,1% em 2013, o mesmo ritmo que no ano anterior. O aumento da procura por parte das economias avançadas em recuperação será um pouco atenuado pela moderação do crescimento na República Popular da China (RPC), pelo que se prevê que o crescimento na região suba para 6,2% em 2014 e 6,4% em 2015.

- As principais economias industriais - Estados Unidos (EUA), membros da zona euro e Japão - registaram um crescimento coletivo de 1,0% em 2013. Prevê-se que esta dinâmica acelere para 1,9% em 2014 e 2,2% em 2015. As autoridades monetárias dos EUA começaram a reduzir gradualmente as suas aquisições diretas de activos à medida que a economia norte-americana se fortalecia, mas a consequente contração da liquidez mundial pode ser atenuada pela política monetária acomodatícia na área do euro e no Japão.

Anexo 4

Relatório sobre

Banco Asiático de Desenvolvimento 2014

Lista dos países asiáticos por termo:

Ásia Central

- Arménia
- Azerbaijão
- Geórgia
- Cazaquistão
- República do Quirguistão
- Tajiquistão
- Turquemenistão
- Uzbequistão

Ásia Oriental

- República Popular da China
- Hong Kong, China
- República da Coreia
- Mongólia
- Taipei,China

Ásia do Sul

- Afeganistão
- Bangladesh
- Butão
- Índia
- Maldivas
- Nepal
- Paquistão

- Sri Lanka

Sudeste Asiático

- Brunei Darussalam
- Camboja
- Indonésia
- República Democrática Popular do Laos
- Malásia
- Myanmar
- Filipinas
- Singapura
- Tailândia
- Vietname
-

O Pacífico

- Fiji
- Economias do Pacífico Norte
- Papua Nova Guiné
- Ilhas Salomão
- Economias do Pacífico Sul
- Timor-Leste
- Pequenas economias insulares

Anexo-5

GDP Growth by Country (2008-2017, % and average)

* Data and geometric mean correspond to the last 6 years. Source: International Monetary Fund, World Economic Outlook Database, April 2017

Country	2008	2009	2010	2011	2012	2013	2014	2015	2016	2017	Avg % GDP change
Nauru	34.4	8.7	13.6	11.7	10.1	34.2	36.5	2.8	10.4	4.0	16
Ethiopia	11.2	10.0	10.6	11.4	8.7	9.9	10.3	10.4	8.0	7.5	9.[illegible]
Turkmenistan	14.7	6.1	9.2	14.7	11.1	10.2	10.3	6.5	6.2	6.5	9.5
Qatar	17.7	12.0	18.1	13.4	4.7	4.4	4.0	3.6	2.7	3.4	8.2
China	9.6	9.2	10.6	9.5	7.9	7.8	7.3	6.9	6.7	6.6	8.2
Uzbekistan	9.0	8.1	8.5	8.3	8.2	8.0	8.1	8.0	7.8	6.0	8.[illegible]
Lao P.D.R.	7.8	7.5	8.1	8.0	7.9	8.0	8.0	7.5	6.9	6.8	7.[illegible]
Rwanda	11.2	6.3	7.3	7.8	8.8	4.7	7.6	8.9	5.9	6.1	7.4
Timor-Leste	14.2	13.0	10.2	8.3	5.8	2.9	5.9	4.3	5.0	4.0	7.3
India	3.9	8.5	10.3	6.6	5.5	6.5	7.2	7.9	6.8	7.2	7.0
India	3.9	8.5	10.3	6.6	5.5	6.5	7.2	7.9	6.8	7.2	7.0
Ghana	9.1	4.8	7.9	14.0	9.3	7.3	4.0	3.9	4.0	5.8	7.0
Bhutan	10.8	5.7	9.3	9.7	6.4	3.6	4.0	6.1	6.2	5.9	6.7
Panama	8.6	1.6	5.8	11.8	9.2	6.6	6.1	5.8	5.0	5.8	6.6
Tanzania	5.6	5.4	6.4	7.9	5.1	7.3	7.0	7.0	6.6	6.8	6.5
Tajikistan	7.9	3.9	6.5	7.4	7.5	7.4	6.7	6.0	6.9	4.5	6.5
Myanmar	3.6	5.1	5.3	5.6	7.3	8.4	8.0	7.3	6.3	7.5	6.4
Mongolia	7.8	-2.1	7.3	17.3	12.3	11.6	7.9	2.4	1.0	-0.2	6.4
Mozambique	6.9	6.4	6.7	7.1	7.2	7.1	7.4	6.6	3.4	4.5	6.3
Afghanistan	3.9	20.6	8.4	6.5	14.0	3.9	1.3	0.8	2.0	3.0	6.3
Bangladesh	5.5	5.3	6.0	6.5	6.3	6.0	6.3	6.8	6.9	6.9	[illegible]
Cambodia	6.7	2.1	3.9	7.1	7.3	7.4	7.1	7.0	7.0	6.9	[illegible]
Democratic Republic of the Congo	6.2	2.9	7.1	6.9	7.1	8.5	9.5	6.9	2.4	2.8	[illegible]
Vietnam	5.7	5.4	6.4	6.2	5.2	5.4	6.0	6.7	6.2	6.5	[illegible]
Zambia	7.8	9.2	10.3	5.6	7.6	5.1	4.7	2.9	3.0	3.5	[illegible]

Uganda	10.4	8.1	7.7	6.8	2.6	4.0	5.2	5.0	4.7	5.0	[illegible]
Iraq	8.2	3.4	6.4	7.5	13.9	7.6	0.7	4.8	10.1	-3.1	[illegible]
Sri Lanka	6.0	3.5	8.0	8.4	9.1	3.4	4.9	4.8	4.3	4.5	5.7
Niger	9.7	-0.7	8.4	2.2	11.9	5.3	7.1	3.5	4.6	5.2	5.6
Indonesia	7.4	4.7	6.4	6.2	6.0	5.6	5.0	4.9	5.0	5.1	5.6
Philippines	4.2	1.1	7.6	3.7	6.7	7.1	6.2	5.9	6.8	6.8	5.6
Burkina Faso	5.8	3.0	8.4	6.6	6.5	5.7	4.2	4.0	5.4	6.1	5.6
Djibouti	5.8	1.6	4.1	7.3	4.8	5.0	6.0	6.5	6.5	7.0	5.5
Cªte d'Ivoire	2.5	3.3	2.0	-4.2	10.1	9.3	8.8	9.0	7.5	6.9	5.4
Papua New Guinea	3.6	2.9	11.6	3.7	6.1	4.7	7.4	6.6	2.5	3.0	5.2
Kenya	0.2	3.3	8.4	6.1	4.6	5.7	5.3	5.6	6.0	5.3	5.0
Malawi	7.6	8.3	6.9	4.9	1.9	5.2	5.7	3.0	2.3	4.5	5.0
Peru	9.1	1.0	8.5	6.5	6.0	5.8	2.4	3.3	3.9	3.5	5.0
Dominican Republic	3.2	0.9	8.3	3.1	2.8	4.7	7.6	7.0	6.6	5.3	4.9
Bolivia	6.1	3.4	4.1	5.2	5.1	6.8	5.5	4.8	4.1	4.0	4.9
Nigeria	7.2	8.4	11.3	4.9	4.3	5.4	6.3	2.7	-1.5	0.8	4.9
Togo	2.4	3.5	4.1	4.8	5.9	6.1	5.4	5.3	5.0	5.0	4.7
Sao Tom_ and PrÕncipe	8.1	4.0	4.5	4.8	4.5	4.3	4.1	4.0	4.0	5.0	4.7
Paraguay	6.4	-4.0	13.1	4.3	-1.2	14.0	4.7	3.0	4.1	3.3	4.6
Maldives	12.7	-5.3	7.2	8.7	2.5	4.7	6.0	2.8	3.9	4.1	4.6
Malaysia	4.8	-1.5	7.5	5.3	5.5	4.7	6.0	5.0	4.2	4.5	4.6
Sierra Leone	5.4	3.2	5.3	6.3	15.2	20.7	4.6	-20.6	4.9	5.0	4.5
Turkey	0.8	-4.7	8.5	11.1	4.8	8.5	5.2	6.1	2.9	2.5	4.5
Senegal	3.7	2.4	4.3	1.9	4.5	3.6	4.3	6.5	6.6	6.8	4.4
Angola	13.8	2.4	3.4	3.9	5.2	6.8	4.8	3.0	0.0	1.3	4.4
Liberia	6.0	5.1	6.1	7.4	8.2	8.7	0.7	0.0	-1.2	3.0	4.3
Mali	4.8	4.7	5.4	3.2	-0.8	2.3	7.0	6.0	5.4	5.2	4.3
Nepal	6.1	4.5	4.8	3.4	4.8	4.1	6.0	2.7	0.6	5.5	4.2
Cameroon	2.9	1.9	3.3	4.1	4.6	5.6	5.9	5.8	4.4	3.7	4.2
Benin	4.9	2.3	2.1	3.0	4.8	7.2	6.4	2.1	4.0	5.4	4.2

Oman	8.2	6.1	4.8	-1.1	9.3	4.4	2.5	4.2	3.1	0.4	4.1
Kyrgyz Republic	7.6	2.9	-0.5	6.0	-0.1	10.9	4.0	3.5	3.8	3.4	4.1
Lesotho	5.1	4.5	6.9	4.5	5.3	3.6	3.4	2.5	2.9	2.2	4.1
Singapore	1.8	-0.6	15.2	6.2	3.9	5.0	3.6	1.9	2.0	2.2	4.0
Macao SAR	3.4	1.3	25.3	21.7	9.2	11.2	-1.2	-21.5	-4.0	2.8	4.0
Namibia	2.7	0.3	6.0	5.1	5.1	5.7	6.5	5.3	0.1	3.5	4.0
Morocco	5.9	4.2	3.8	5.2	3.0	4.5	2.6	4.5	1.5	4.4	4.0
Uruguay	7.2	4.2	7.8	5.2	3.5	4.6	3.2	1.0	1.4	1.6	4.0
Republic of Congo	5.6	7.8	8.7	3.4	3.8	3.3	6.8	2.6	-2.7	0.6	3.9
Egypt	7.2	4.7	5.1	1.8	2.2	3.3	2.9	4.4	4.3	3.5	3.9
Kazakhstan	3.3	1.2	7.3	7.5	5.0	6.0	4.3	1.2	1.1	2.5	3.9
Lebanon	9.1	10.3	8.0	0.9	2.8	2.5	2.0	1.0	1.0	2.0	3.9
Solomon Islands	7.1	-4.7	6.9	12.9	4.6	3.0	2.0	1.8	3.2	3.0	3.9
Guyana	2.0	3.3	4.4	5.4	4.8	5.2	3.8	3.1	3.3	3.5	3.9
Nicaragua	2.9	-2.8	3.2	6.2	5.6	4.5	4.6	4.9	4.7	4.5	3.8
Mauritius	5.5	3.0	4.1	3.9	3.2	3.2	3.6	3.5	3.6	3.9	3.8
Malta	3.3	-2.4	3.5	1.4	2.8	4.3	8.3	7.4	5.0	4.1	3.7
Botswana	6.2	-7.7	8.6	6.0	4.5	11.3	4.1	-1.7	2.9	4.1	3.7
Seychelles	-2.1	-1.1	5.9	5.4	3.7	5.0	6.2	5.7	4.4	4.1	3.7
Chad	3.1	4.1	13.6	0.1	8.8	5.8	6.9	1.8	-6.4	0.3	3.7
Pakistan	5.0	0.4	2.6	3.6	3.8	3.7	4.1	4.0	4.7	5.0	3.7
Guinea-Bissau	3.2	3.4	4.6	8.1	-1.7	3.3	1.0	5.1	5.2	5.0	3.7
Costa Rica	4.7	-1.0	5.0	4.3	4.8	2.3	3.7	4.7	4.3	4.0	3.7
Bahrain	6.2	2.5	4.3	2.0	3.7	5.4	4.4	2.9	2.9	2.3	3.7
Saudi Arabia	6.3	-2.1	4.8	10.3	5.4	2.7	3.7	4.1	1.4	0.4	3.6
Moldova	7.8	-6.0	7.1	6.8	-0.7	9.4	4.8	-0.4	4.0	4.5	3.6
Colombia	3.5	1.7	4.0	6.6	4.0	4.9	4.4	3.1	2.0	2.3	3.6

Georgia	2.4	-3.7	6.2	7.2	6.4	3.4	4.6	2.9	2.7	3.5	3.5
The Gambia	5.7	6.5	6.5	-4.3	5.6	4.8	0.9	4.3	2.5	3.0	3.5
Gabon	1.7	-2.3	6.3	7.1	5.3	5.5	4.4	3.9	2.3	1.0	3.5
Kosovo	4.5	3.6	3.3	4.4	2.8	3.4	1.2	4.1	3.6	3.5	3.4
Israel	3.0	1.4	5.7	5.1	2.4	4.4	3.2	2.5	4.0	2.9	3.4
Zimbabwe	-16.6	7.5	11.4	11.9	10.6	4.5	3.9	1.1	0.5	2.0	3.4
Ireland	-4.4	-4.6	2.0	-0.1	-1.1	1.1	8.4	26.3	5.2	3.5	3.3
Mauritania	1.1	-1.0	4.8	4.7	5.8	6.1	5.6	0.9	1.5	3.8	3.3
Jordan	7.2	5.5	2.3	2.6	2.7	2.8	3.1	2.4	2.1	2.3	3.3
Guatemala	3.3	0.5	2.9	4.2	3.0	3.7	4.2	4.1	3.0	3.3	3.2
Poland	3.9	2.6	3.7	5.0	1.6	1.4	3.3	3.9	2.8	3.4	3.2
Azerbaijan	10.8	9.3	5.0	0.1	2.2	5.8	2.8	1.1	-3.8	-1.0	3.1
Albania	7.5	3.4	3.7	2.5	1.4	1.0	1.8	2.6	3.4	3.7	3.1
Eritrea	-9.8	3.9	2.2	8.7	7.0	3.1	5.0	4.8	3.7	3.3	3.1
Chile	3.5	-1.6	5.8	6.1	5.3	4.0	2.0	2.3	1.6	1.7	3.0
Korea	2.8	0.7	6.5	3.7	2.3	2.9	3.3	2.8	2.8	2.7	3.0
Honduras	4.2	-2.4	3.7	3.8	4.1	2.8	3.1	3.6	3.6	3.4	3.0
Algeria	2.4	1.6	3.6	2.8	3.3	2.8	3.8	3.8	4.2	1.4	3.0
Thailand	1.7	-0.7	7.5	0.8	7.2	2.7	0.9	2.9	3.2	3.0	2.9
Ecuador	6.4	0.6	3.5	7.9	5.6	4.9	4.0	0.2	-2.2	-1.6	2.9
Burundi	4.9	3.8	5.1	4.0	4.4	5.9	4.5	-4.0	-1.0	0.0	2.7
United Arab Emirates	3.2	-5.2	1.6	4.9	7.1	4.7	3.1	3.8	2.7	1.5	2.7
FYR Macedonia	5.5	-0.4	3.4	2.3	-0.5	2.9	3.6	3.8	2.4	3.2	2.6
Vanuatu	6.5	3.3	1.6	1.2	1.8	2.0	2.3	-0.8	4.0	4.5	2.6
Fiji	1.0	-1.4	3.0	2.7	1.4	4.7	5.6	3.6	2.0	3.7	2.6
Australia	2.6	1.7	2.3	2.7	3.6	2.1	2.8	2.4	2.5	3.1	2.6
Swaziland	2.8	4.5	3.5	2.0	3.5	4.8	3.6	1.1	-0.4	0.3	2.6
Hong Kong SAR	2.1	-2.5	6.8	4.8	1.7	3.1	2.8	2.4	1.9	2.4	2.5
Taiwan Province of China	0.7	-1.6	10.6	3.8	2.1	2.2	4.0	0.7	1.4	1.7	2.5

Printed by Books on Demand GmbH, Norderstedt / Germany